啊哈！算法神探

一部谷歌首席工程师写的CS小说

The CS Detective

【美】Jeremy Kubica 著
啊哈磊 李嘉浩 译

電子工業出版社
Publishing House of Electronics Industry
北京•BEIJING

内 容 简 介

本书围绕程序设计典型算法，精心编织了一个场景，让读者通过本书学会优先搜索、深度优先搜索、迭代加深、并行算法、二分搜索等算法背后的原理，字符串、数组、栈和队列等基本计算机科学概念，学习如何修改搜索算法以适应不同的数据结构、如何在特定情况下选择的算法，以及何时应该使用基于常识的启发式算法，以加深对程序世界的理解。

本书的每一章都会伴随情节引入一个新的算法概念，并在结尾处回顾总结本章内出现的专业知识。

版权贸易合同登记号　图字：01-2016-9187

图书在版编目（CIP）数据

啊哈！算法神探：一部谷歌首席工程师写的 CS 小说/（美）杰瑞米·库比卡（Jeremy Kubica）著；纪磊，李嘉浩译. —北京：电子工业出版社，2023.1

书名原文：The CS Detective

ISBN 978-7-121-44587-3

Ⅰ. ①啊…　Ⅱ. ①杰…　②纪…　③李…　Ⅲ. ①电子计算机－算法理论②程序设计　Ⅳ. ①TP301.6②TP311.1

中国版本图书馆 CIP 数据核字(2022)第 221637 号

责任编辑：孙学瑛

印　　刷：天津千鹤文化传播有限公司

装　　订：天津千鹤文化传播有限公司

出版发行：电子工业出版社

北京市海淀区万寿路 173 信箱　　邮编：100036

开　　本：880×1230　1/32　印张：8　字数：215 千字

版　　次：2023 年 1 月第 1 版

印　　次：2023 年 1 月第 1 次印刷

定　　价：79.00 元

译　者　序

算法！Algorithms！

咳咳！很多人一听到这个词，估计脑袋就要炸了：一定又是复杂极了的东西，看来此书必定翻不过第一节，就要睡着了。

没错，很多算法书虽然写得很精妙，但凭我这种智商一口气最多只能看5到10页，然后就会乖乖地回去睡觉了。不少读者说自己读《啊哈！算法》时，一口气能读100页，这已经是极限。那么，读这本《啊哈！算法神探：一部谷歌首席工程师写的CS小说》，或许你可以一口气读完，没错，是读完！

整本书巧妙地将算法穿插入一场离奇的盗窃案的侦破中。全书没有一行代码和公式，取而代之的是一场又一场鲜活的破案游戏，带你游走在各个犯罪现场，让你身临其境地观察我们的主人公是如何使用算法搜寻线索并逐步揭开事实真相的。虽然这本书并不是教科书，但是通过这种轻松的阅读学习，你可以对算法的本质有大致了解。在酣畅淋漓地读完本书之后，再去翻阅其他算法书籍，你会惊奇地发现，自己竟然可以看懂那些枯燥、晦涩的代码和公式了。

其实，在阅读本书之前，你甚至不需要掌握任何编程的基础知识，因为这并不影响你阅读全书，并以轻松有趣的方式了解这些算法。

然而，由于时间紧张加上我们翻译水平有限，请恕不能将原作者的精巧行文完美地展现在你面前。译文中难免有不足和疏漏之处，还请不吝批评指正。我们在翻译期间得到了不少朋友的帮助，在此向他们表示感谢。特别感谢我的挚友丁广浩，他目前就职于美国的Amazon。在On-Call Duty的日子里，他还抽时间帮我解答疑问，甚是感激。另外，也非常感谢武汉外国语学校的张竞文同学和浙江大学的陈泓宇同学。

好嘞，故事要开始了，让我们跟随Frank探长和Notation警官一起开启这场奇妙之旅。

啊哈磊

关于作者

Jeremy Kubica 在 Google 任职首席工程师，致力于机器学习和算法方向。他拥有康奈尔大学的计算机科学本科学位和卡耐基梅隆大学的机器人专业博士学位。在研究生期间，他设计了一个算法，可以探测对地球有威胁的小行星（当然，还尚未能阻止那些小行星）。Kubica 同时也是著名博客Computational Fairy Tales的作者。

关于技术审校者

Heidi Newton 拥有新西兰坎特伯雷大学计算机科学专业的学士学位，以及新西兰惠灵顿维多利亚大学计算机科学专业的硕士学位。她目前就职于坎特伯雷大学计算机专业的代码复仇者研究小组，并在业余时间进行相关辅导和咨询工作。她目前致力于改善关于计算机科学和编程的教学资源。

致　谢

我要对所有支持本书和为本书做出贡献的人们深表感谢。

首先，我想向 No Starch 出版社团队的所有人致谢。特别感谢Liz Chadwick 和Riley Hoffman 在本书的编辑过程中给予我的帮助、指导和建议。Liz 高质量的建议使得本书的故事内容保持了流畅清晰。同时，我也很感谢她提出的将本书涉及的专业内容以讲义形式呈现的建议。感谢 Bill Pollock 和 Tyler Ortman 的支持，特别感谢 Bill 为本书书名提供的建议。也感谢 Carlos Bueno 向我介绍了 No Starch 出版社。

感谢Miran Lipovača为本书提供了精美的插图。这些插图很好地刻画了本书的人物特色和故事情节。

感谢 Heidi Newton从专业角度进行的细致、深入的审校。她的审校很大程度上确保了本书所涵盖的内容和概念能够以准确易懂的方式呈现出来。非常感谢她针对书中的晦涩难懂处所给出的提醒。

同时也感谢所有阅读过本书早期手稿并提供了宝贵建议的人：John Bull、Mike Hochberg、Edith Kubica、Regan Lee和 Kristen “Kit” Subbs 博士。感谢 Ilana Schwarcz 对于本书早期手稿的编辑，以及对本书在行文上的建议和帮助。

最后，我想由衷地感谢我的家人，特别是父母在我孩童时期对于我的计算机兴趣的支持，以及对我写作本书给予的鼓励。

导　读

本书关注的是计算机思维和搜索算法。这些故事介绍并阐释了较高层次的计算机思想，探索了它们背后的动机及其在非计算机领域中的应用。本书并不奢望对算法进行非常详尽而全面的描述，书中的故事也不是为了替代计算机科学中那些坚实而严谨的技术性描述的。相反，它们的作用更像插图：对整体思想进行补充，帮助读者更好地理解算法。

本书介绍了一系列的计算方法，它们大致上属于搜索算法的范畴。书中每一章首先通过一个故事来讲解算法的大致思想，随后再用讲义的形式对算法进行更偏技术性的解释。读者可以完全跳过这些技术讲解部分，同时又不错过任何一个精彩的故事环节。

本书假定你已经对一些基本的计算机科学思想有所了解，但你并不需要掌握任何一门编程语言。本书中的算法适用于各种编程语言和各个不同领域。

目　　录

—1—
搜索问题

没听见敲门声，门竟然开了——只有大门铰链的嘎吱嘎吱声宣告了有人到访。Frank立马起身欲取来十字弓，却又骤然停住，他想若是Vinettee集团的人登门造访，一定会敲门——不过是用斧头敲。进门者无论是谁，想必都有话要说。于是，Frank伸手拿起马克杯，将杯底仅剩的那点冷掉的咖啡一饮而尽。

“Donovan警长，”Frank看到来访者说道，“是什么风把您吹到这片和谐的街坊来了？我还以为您再也不敢越过第15号街了呢。”

“好久不见，”Donovan警长简短地说道，“Frank，别来无恙？”

“好极了。”Frank干巴巴地答道，同时盯着在屋里缓缓踱步的Donovan警长。

Donovan警长扫视着Frank寒酸的办公室，他红色的警察披风在身后沙沙作响。“私家侦探的游戏玩得可好？”

“够还债。”Frank在说谎。

Donovan警长点了点头。他稍作停顿，然后转向书柜，看了看书柜上的书。

“您这次来算是探访故人了？”Frank说道，“那我应该问候一下Marlene和孩子们的近况吧？”

“他们好得很，”Donovan警长头也不回地答道，“这些日子Marlene的海龟美容生意做得不错。Bill去年加入警队了。Veronica在做会计，我们最后本该……”

“我只是随便问问。”Frank打断了Donovan警长的话。

Donovan警长耸耸肩。他从书架上抽出一本书，随意翻了起来。Frank伸长脖子瞧了瞧封面——《警察学院年鉴：第21班》。

“你想要什么，Donovan警长？”Frank问道。

Donovan警长与Frank对视了一下，“我需要你的帮助，Frank。”他说。

Frank直起了身子。在Frank离开警队后的五年间，Donovan警长一共上门见了他两次，两次都是来警告他别再插手案件。这次Frank也已经做好了被威胁的准备，但现在，Donovan警长似乎遇到了特殊的问题——帮助解决这种程度的问题，或许可以用报酬还清Frank拖欠的房租。

“我早就不是警队的人了，”Frank漫不经心地说道，“你怎么不派个你信得过的侦探去接手？”

“我需要警队之外的人，”Donovan警长说道，“别装了，Frank。如果你不清楚我上这儿来意味着什么，那你也不是我需要的人。”

Frank笑了：“出内鬼了？在你的队里？”

“更糟。昨晚有人闯进局里的档案室，偷走了五百多份卷宗。”

“他们想找什么呢？”Frank问道。坐在椅子上的他，不假思索地往前探身，并迅速地抄起一卷新羊皮纸和一杆羽毛笔。Frank对这一系列的动作已驾轻就熟，就如同喝咖啡和爬楼梯一般。

“我不知道，”Donovan警长说道，“无迹可循！他们偷了整架整架的文件，从财产纠纷的文件到费用报表。我们记录的有关杀手、名流、私家侦探、司法人员的分类文件，统统被他们拿走了……甚至连农夫Swinson的两筐噪声投诉信也被他们拿去了。但奇怪的是，其余架子他们连碰都没碰。据我们统计，至少丢失了512份文件。”

“没准是农夫Swinson的某位邻居干的，”Frank打趣道，“他们一定是听说了，但凡超过100封投诉信，就会有实习生到你家给你严厉地上上课。”

Donovan警长懒得理他，他只是可怜地瞪着眼，直到Frank清了清嗓子，才打破沉默：“所以，你想让我去找回这些文件？”

Donovan警长摇摇头说：“我想让你找出那些贼。我们有文件的备份。我想知道，他们想要什么信息，打算用来做什么。”

“是一个搜索问题啊。”Frank若有所思地说。当年在警队时，Frank的两大特长就是解决搜索问题，以及惹怒Donovan警长。

“国王知道了吗？”Frank问道。

“我昨天已向国王简要禀报过了，”Donovan警长说道，声音中透出一丝不悦，“自打那个疯癫癫的巫师闹过之后，国王坚决要求对诸事进行每日简报。”两年前，一个名为Exponentious的狂妄巫师曾企图摧毁整个王国。此后， Fredrick国王亲自制定了全面的措施，以提升王国的安全。他为此颁布了三百多条新的安全法规，其中至少有五条是关于十层以下政府大楼内的公文保管的。

“这也不能怪他，”Donovan警长嘟囔道，“当时真是挺险的。多亏有Ann公主，否则谁知道王国今天是何种境地。”

Frank默默点头。当年Exponentious巫师对研究算法的学者们施下诅咒，从而袭击了王国的算法基础。短短几个月的时间，就连简单的操作都被他搞得低效不堪，王国逐渐濒临停转。损坏的迹象随处可见，甚至在当地的面包店里，Frank都亲身目睹了恐慌爆发，因为顾客们发现，他们都想不起来如何排成一个队列了。

“当然了，国王个人对此问题也抱有兴趣，”Donovan警长生气并急躁地说道，“他想知道所有的细节：谁在负责此案？我们在用哪些搜索算法？我们是否搜遍了所有相邻的建筑物？”

Frank强忍住笑，开始仔细考虑这个问题。为首都的警察部队客串一回顾问，应该能拿到不少钱。他低头瞥了一眼自己的脚，一根脚趾头已经快从鞋子的破洞里露出来了。“如果让我做顾问，”他说，“那就得按我的方式来。”

决定性的关键就在这儿了。五年前他被踢出警队，就是因为他太按自己的方式做事。而Donovan警长是个信奉规则和命令的人。Frank上一次使用了启发式搜索，也是最后的那根稻草——于是就在当天下午，Donovan警长收回了他的警徽。不过，话又说回来，按Frank的方式做事总能得到结果。

“不出我所料。”Donovan警长最终答道。他从披风式风衣下抽出一份薄薄的文件夹，丢在Frank的桌上。

“我会跟你联络的。”Donovan警长说。然后，他毫无表示地转身离开了办公室。

在接下来的三个小时内，Frank喝了12杯咖啡，此时他弓身伏坐在桌前，第七次翻阅着这份薄薄的信息文件夹。文字在摇曳的烛光中跳动摇摆，却未能显示出任何新的信息。

线索并不多。Donovan警长给他的是丢失文件的清单及事发当晚的值班名册，仅此而已。

最后，Frank夸张地叹了口气，抓起一张羊皮纸，开始做笔记。

任何搜索问题的第一步都是确定你想找到的东西——*目标*，他的老教练在警用算法导论课上是这么说的。Frank很早就吸取了这个教训：他在成为警官的第一个星期里，就被任命去找回公爵的名贵种马，结果那天下午他带了一只42磅重的海龟得意地回到警局。显然，这只抢眼的爬行动物不是目标。如果你找错了东西，那么算法再好也毫无意义。

这一次的案件中，问题不在于*是什么*，而在于*是谁*。Donovan警长在这一点上说对了。一旦贼拿到了文件，警方就算找回来也于事无济。因为贼已经获得了他们想要的任何信息。

所以，他的目标很简单：弄清楚是哪个人或哪些人偷走了文件。

任何搜索问题的第二步都是确定*搜索空间*。你要搜哪里？Frank每天找自己的钥匙时，搜索空间是办公室里的所有平坦表面。而当Frank想找出一个犯罪分子时，他的搜索空间则是首都附近的每一个人。

Frank坐了回去，揉了揉眼睛。这是一个很大的搜索问题——要在首都找到一个特定的罪犯。不过他遇到过更糟的情况。

既然他已经明确了问题，那么现在他可以开始选择算法了。线性搜索首先出局，因为他可没能耐去审问城里的每一个人。他还可以排除掉过去在学院里学来的很多其他的花哨算法。对于这样的问题，他必须回到自己的基本搜索算法工具包，这是私家侦探最值得信赖的朋友。

Frank在羊皮纸上写下一条笔记。他有了寻找的目标，知道了搜索空间，现在也确定了算法，是时候开工了。

警用算法导论：搜索问题

节选自 Drecker 教授讲义

在本课程中，我们将讨论几种不同的算法（以及相关的数据结构），来解决搜索问题。搜索问题的定义为：任何需要我们在可能的空间范围（搜索空间）内找到一个特定值（即目标）的问题。

等你们将来毕业成为警察后，每天都会遇到可被归为搜索问题的问题。搜索问题的广义定义涵盖了很多不同的计算问题，例如"在警察日志上搜索某一特定条目"这样的简单搜索，以及"从窝点中找到房间"，乃至"找出符合某些条件的所有逮捕记录"这样的复杂搜索。这个类别是无法穷举的，但是在后面，我会给你们讲解一些基本和重要算法的简单例子。

该类别中所描述的算法拥有下面三个共同元素。

目标：你所寻找的那条数据。目标可以是一个特定的值，或是一条表示搜索成功完成的标准。

搜索空间：用于探测目标的所有可能性的组。例如，搜索空间可以是一份数值列表，或是图中的所有节点。搜索空间内的单个可能性被称为状态。

搜索算法：用于进行搜索的一组具体步骤或指令。

部分搜索问题会有额外的要求或复杂性，在我们学习不同的算法时将会逐一谈到。

— 2 —

穷举搜索寻线人

“高效算法的关键在于信息。”这是Drecker教授的口头禅，在每一堂警用算法课的开始，他都会冲学员厉声强调这句话，Frank对这句话的印象如此强烈，以至于将它永久封存在自己的记忆中了：“一个好的算法取决于发现数据中的结构并善加利用，而这取决于信息。”

回忆至此，Frank暗地里微微一笑，此时他走在了三比特街巷，这是一条坑坑洼洼的泥土路，两旁交相排列着破旧的酒吧和高档的咖啡厅。他冲两位路过的骑士礼貌地点点头，骑士们身着盔甲走过时还发出锵锵的响声。Frank暗自盘算着，待会儿在离开之前，必须要来杯三倍特浓的意式咖啡。首先，他需要的是信息，用来帮助指导搜索。他很确切地知道要从哪里开始。

“玻璃箱”Billy此时一定在某处静静地坐着，倾听着屋内飘荡的每一段对话。人们并非成心想在Billy身边说这说那，其实是压根儿没注意到他的存在。Billy被赐予了一种特别值得一提的天赋，那就是彻彻底底的不显眼。不管做什么，Billy身上总有一种东西，能让人们注意不到他。或许是他的白皮肤或小身板，或许是他对穿着分外平庸的品味。不管是什么，Billy早已决定，要充分发挥他的天赋，窃听并收集信息，再卖给任何愿意收购的人。

Frank打量着三比特巷上挤在一块儿的八个店面，琢磨着Billy会选其中哪一个。他在脑中思考了半打的搜索算法，但一无所获，没有任何信息可以用来确定Billy的位置。Billy有可能在其中任意一家酒吧或咖啡馆中。

他不得不采用穷举搜索了——索性试遍所有的可能性，直到他找到Billy。这其实不太适合他。多年的侦探和私人调查经历已经让他明白，几乎所有算法都优于穷举搜索算法，而他厌恶诉诸如此低效的方式。

Frank一边抱怨，一边开始了搜索。他走进了街上的第一家酒吧，名字叫Absolute Value。

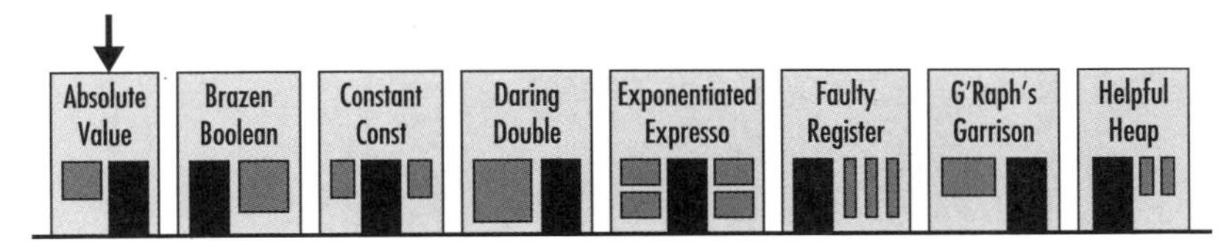

酒保是一个名叫Abe的粗暴男人，从Frank一进门便瞪着他，目的明确地把手放到满是划痕的吧台下面。信息很明确："我正握着武器，至于是哪种，你猜去吧。但如果你找我麻烦，我会让你尝尝滋味的。"

"我不是来找茬儿的，Abe，"Frank说道，举起双手，"我只是来这儿见Billy的。"

"那好，Billy不在这儿。"酒保说道。

Frank如释重负般地一笑，说道："那我就撤了。"

Abe草草地点了点头，看着Frank离开，手仍然留在吧台下面。

Frank做了几下深呼吸，在微凉的空气中摇摇头。Abe记仇的时间比Frank见过的其他任何人都长。不过话又说回来，Frank已经逮走了Abe的四个兄弟姐妹。

街上的下一个店面是Brazen Boolean，这是一间现代化的咖啡厅，拥有典型的布尔类型风格——鲜明的黑白两色。布尔市的居民素以狂热倾心于逻辑的绝对概念而闻名，在他们眼中，一切事物要么为真，要么为假。他们是很称职的目击者。作为镇上唯一的布尔咖啡厅，Brazen Boolean是那些背井离乡者的避风港。毕竟，在布尔人眼中只有两种人：布尔人和其他人。

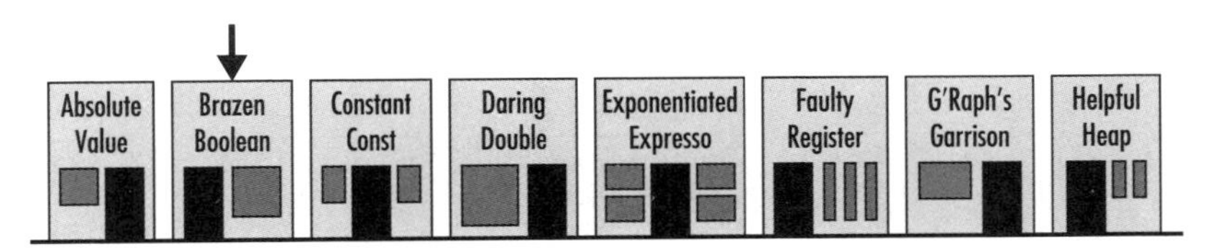

Frank把头伸进门内，向在场的所有人问道："Billy在这儿

吗？”沉默了一会，20双眼睛仔细地扫视了咖啡馆内的每一个角落。如非绝对肯定，布尔人是不会回答问题的。

“不在。”传来了确切的答复。

Frank继续他的穷举搜索。

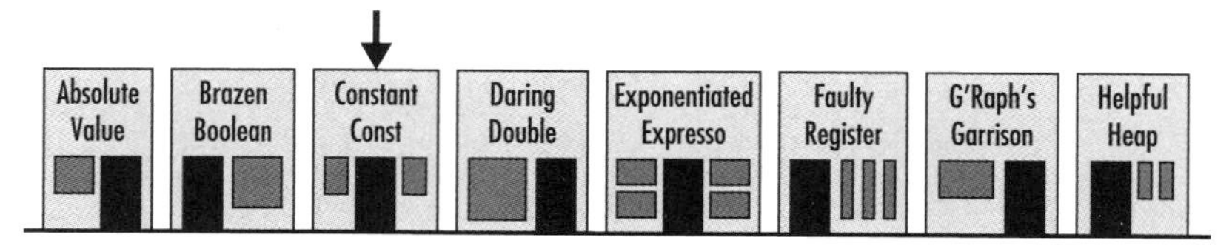

第三和第四家店铺的经历虽然明显更令人愉快，但是同样无果而终。第三家店Constant Const的酒保热情地欢迎了Frank，并邀请他一道怀念过去的美好岁月，不过Frank上个月刚认识他，所以这样说显得有点怪怪的。而第四家店Daring Double里的人们则是一群吵闹得出名的集会巫师，每当有新人到场时，他们都会欢呼，并举着热气腾腾的杯子欢快地高歌。

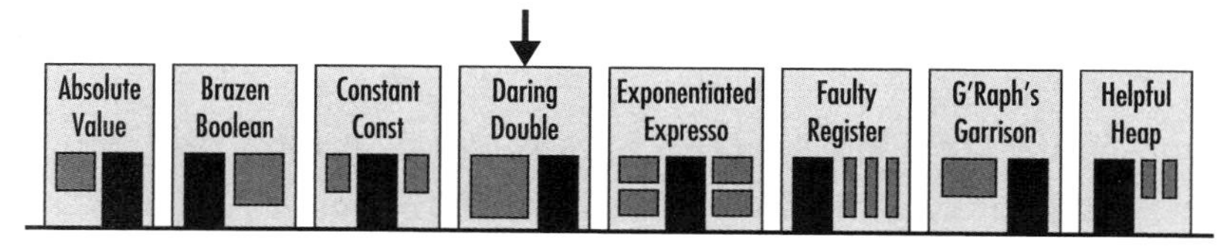

Frank在第五家店铺Exponentiated Expresso里找到了Billy。这是迄今为止大街上最喧闹、最俗气的咖啡馆，却凭借其含有三倍咖啡因的咖啡豆，成功招揽到了最忠实的粉丝们。生意好的日子里，每桌都会挤满絮絮叨叨的人，他们似乎认为一场愉快交谈的关键在于说话的大音量。

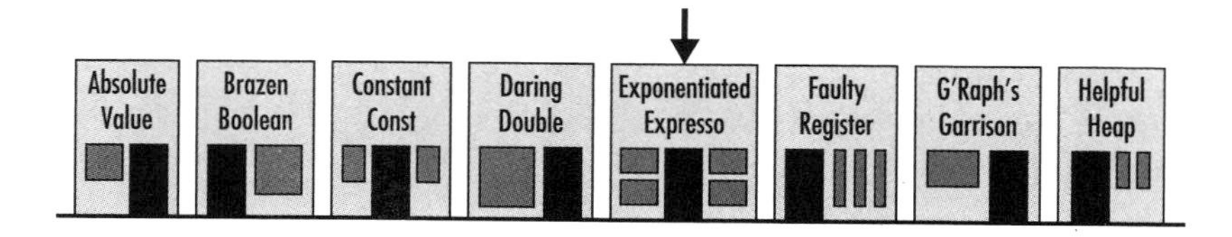

今早，Exponentiated Expresso里的客人不那么喧闹，只有少数几张桌子有人，而其中大多数都是孤身一人的咖啡客，他们晃动着身体轻声哼唱。

Billy在中间的一张桌子坐下，扭曲着身子努力听着身旁的谈话。似乎没人注意到他。Frank在第一次扫视屋内时，甚至看漏了Billy。

"Billy！"Frank叫道。

Billy怀有愧疚感地跳了起来。"Frank？"他咧嘴笑了起来，很高兴有人对他打招呼，然后又坐了回去，"拉把椅子过来呗。"

"我正在找一些信息，"Frank一边解释，一边在Billy对面坐了下来。

"说不准我有呢，"Billy说，"不过，最近我觉得有些事情想起来挺吃力的。"Billy说道，同时朝一个空了很久的杯子瞧着，估计并不是他的。

Frank示意咖啡师很快在桌上放了一杯啤酒。"记得任何有关警局失窃案的事吗？"Frank问Billy。

Billy睁大眼睛，畏缩了。"你是说……抢劫？"他心虚地问道。他的双眼扫视着屋内，但一如既往，并没人留意他。

Frank在桌上放了两枚金币，并努力让自己不要心疼这两枚金币。他花不起这钱，尤其当他不知道自己花钱买的是线索还是闲话时。但他清楚，让Billy提供信息是不会便宜的。他俯身凑近一些："前天晚上，"他悄然说道，"一大堆文件被贼偷走了。"

"听起来不像是容易想起来的事情啊，"Billy说，他盯着金币，"恐怕你问错人了，Frank。"

"这可是金子啊！"Frank咆哮道。

"抱歉，我帮不到你。"Billy说，他再次环视一下屋内，然后补充道，"即便我知道一些关于失窃的事，我也会努力忘掉的。或许我知道一些小事，比如是谁帮忙运走了文件，但这不值得冒险，免得我睡醒一睁眼发现自己的鞋里塞满了牛粪。"

Frank瞪大了眼睛，但Billy沉默不语了。作为一个靠分享信息过活的人，Billy不肯透露这件事情的行为显得非常奇怪。“牛粪？”Frank问。

Billy点点头，但不再多说。

“你就不能再具体点吗？”Frank问道，“是说北方或南方的牦牛吗？”

“这重要吗？”Billy问，“问题在于，即使知道是谁安排的运输，我也不会记住的。如果那些人碰巧在镇外大约五英里处拥有一个大农场，在那儿可以轻易地让某人消失，那我就更不会记住了。而如果那座农场的主人有着非法活动的历史记录和危险的幽默感，那我就加倍更不会记住了。在这种情况下，记住任何事情都是绝对不明智的。”

“太糟糕了，”Frank笑着说，“也许下次能记起来点。”他朝金币点点头，“希望它们能让你将来多记住些事儿。”

Frank起身，大步走出Exponentiated Expresso。他向左转，沿着街继续走。一走出三比特巷，他便可以兜回去，前往Crannock的农场—— 唯一与Billy的描述有点相似的农场。

在他经过第六家店Faulty Register时，他注意到一道影子钻进了附近的小巷。他压低嗓音骂了一句，但没有停步。Frank意识到自己被人跟踪了：看来警长上门找他时没有十分地谨慎。

但当他离开城里，踏上前往Crannock农场的粗糙泥土路时，发现自己的心情很好。Billy给他的并不多，但即便利用这一点点信息，也能看出使用高效搜索算法和使用穷举算法的不同。

警用算法导论：穷举搜索

节选自 Drecker 教授讲义

用穷举搜索算法搜索目标值需要在整个搜索空间范围内尝试每一种可能性。最常见的穷举搜索是线性搜索，即按照顺序简单地检查所有不同的可能性。

想象一下，当你追逐强盗进入了一个废弃旅馆的二楼走廊时，接下来会发生什么？走廊里有30道门，全部是关闭的。如果你遵循正确的警方工作程序，你的同伴已经封锁了对面的楼梯，你和强盗被困在这层楼上，你将如何找到强盗？是随机选择一扇门打开，发现没有强盗，然后出来再随机打开一扇门，就这样跑来跑去，直到你幸运地找到了强盗？不！你应该搜索整个楼层，把所有的门依次踢开。

或者来思考一个算法，在一个数字列表（数组）中寻找一个目标值。线性搜索算法要从第一个数字开始查找，逐个地检查数字列表中的每一个值，直到找到目标值。假如我们要在一个数组中搜索5，那么搜索的过程如下：

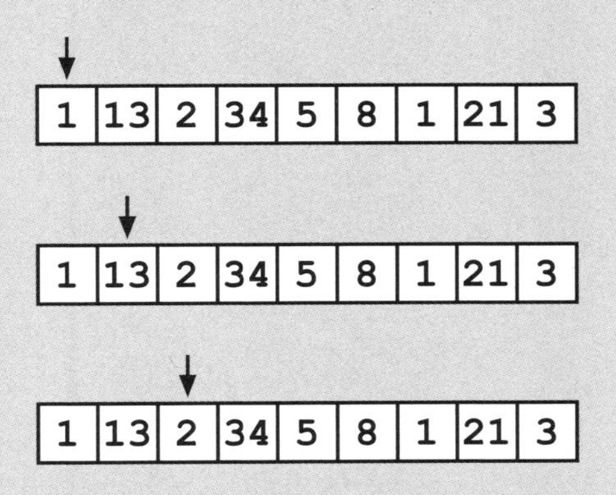

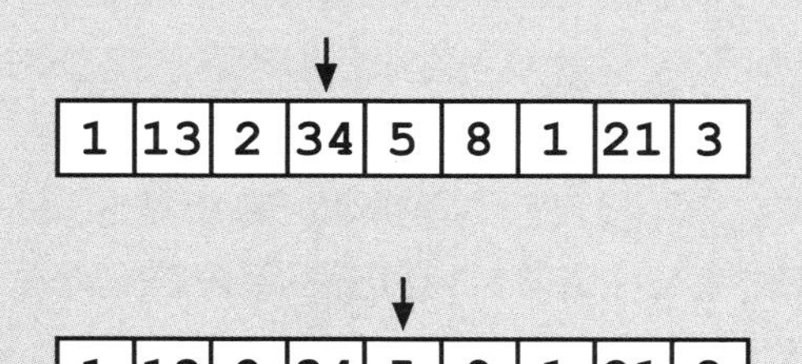

线性搜索算法的优势是它们在任何领域都容易实现，即使要处理的是非结构化数据。你不必猜测强盗会在哪个房间，你只需要依次检查所有房间。线性搜索算法的缺点是，在结构化的数据中采用这种搜索方式往往不够高效。如果你知道强盗在哪里，你可以使用这个情报来大大减少你踢开门的次数。

高效算法的关键在于有用的信息！

— 3 —

罪犯农场里的数组和索引

Frank看到一匹警队的马正拴在Crannock先生的房子外，不禁大声爆了一句粗口。既然警长已经亲自上门来雇他了，怎么还会碰到其他的警官？如果警长不信任自己的警官们，或者是他们遭到了怀疑，警长就会把他们委派到城市边远地带去调查一些小案子。如果他们只是单纯的能力低下，也会落得同样的下场。但是，从现在的情况看，有人已经在调查这个案子，而且Frank已经落后了。

Frank从虚掩着的前门溜了进去，到门厅去听那位来调查的女警官和Crannock先生的谈话。Crannock先生厌恶地瞥了Frank一眼，不过Frank的出现似乎早在他的预料之中。但是，那位女警官看起来倒有些措手不及。

"你是谁？"她拿着羊皮纸和羽毛笔转向Frank问道。

Frank懒得理她。"Crannock先生，"他说，"再次见到你很高兴。"

"你又来烦我们了，是吗？"Crannock说，"这里可不欢迎你。"

"我才没指望你们欢迎我，"Frank答，"我是来找你妻子的，想问她几个小问题。”

那位女警官打量着他。“Frank？”她问，“Frank Runtime先生？前警探改行做私家侦探了？你在这做什么？谁的宠物龙走丢了吗？”她嘲笑道。

Frank还是没搭理她，说道：“Crannock先生，您的妻子究竟在哪？”

那个老男人举起了双手：“她啥都没干！她已经金盆洗手了，这次是真的。”这一幕演得算得上是业余演员了。

Frank笑了，他知道这话问得很令人不安，Crannock一定畏缩了。“我知道，Crannock先生，我是来向她请教专业知识的。要不我请这位警官接着和你聊……”

“我是Notation警官。”那位年轻的女警官插嘴道，“我正在查案。”

她在撒谎，因为警官们永远都是和搭档一起调查案子的。更重要的是，Frank突然注意到她警徽上的名字是警长给他的执勤人员名单之中的一个，也就是说案发当晚，她也在警局值班。

“Notation警官，”Frank说，“谁说我是来查案的了？说不定我只是来找一条走丢的龙呢！”

她皱了皱眉头。

屋后传来了一阵骚动，有人在叫Crannock，不过被一声响亮的马叫声打断了。“我的妻子正和那些马待在一块儿，”Crannock先生不耐烦地说，“行了，她在2号谷仓，快去吧，别再赖在我的房子里了！”Crannock把他们往前门赶，然后从后门急匆匆地跑了。

“谢谢你！”Frank转身离开的时候喊道，“Crannock先生，见到您总是很愉快！”

Notation警官跟着Frank穿过了小花园，她很生气，每一步都重重地跺着地面，问道：“你知道你在往哪走吗？”

“2号谷仓啊。”Frank回答。

“我当然知道，”她咆哮道，“但2号谷仓在哪啊？”

Frank停下来转向她问道：“你是刚从警校毕业吗，Notation警官？”

“什么？”

“这样的搜索问题，只有菜鸟才会问。你没有上过警务程序课和数据结构课吗？或者是他们已经把这些课换成了小海龟画图这样不严谨规范的课程了？”

Notation愣了愣，说道：“我当然上过那些课啊，”她听起来有些底气不足，“但我的意思是……”

Frank打断了她：“那你就应该知道数组和索引。”

“是的，不过……”Notation说。

“在一个农场上找一个谷仓是一个再简单不过的搜索任务了，”Frank又打断了她，“我们可以用穷举的方法去搜索每一个建筑物。对农场上的每一个建筑都要检查一下是否为2号谷仓。在我上警校的那个年代，这是我们警用算法课第一节的内容。

“但是我们现在可以做得更好。Crannock一家把六个谷仓排在了一条整齐的线上，就像一个巨型数组。Crannock先生非常好心地为我们写好了谷仓的编号，也就是数组的索引，我们现在只需要走到对应的谷仓就行了。”

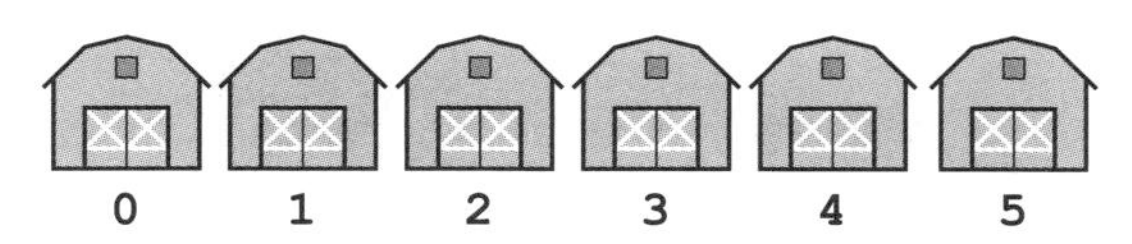

“我不是想问这个！”Notation挥动着手臂大声吼道，“我知道怎么用数组里的索引，我也知道我们只用走到2号谷仓就好了，我毕业时在数据结构课和警用算法课上都拿到了第一名，所以我不需要你在这给我说教如何正确使用数组。”

“刚刚是你自己问的啊。”Frank回答道。

“我问的是：你知不知道这个美丽可爱的谷仓数组在哪里？”

“哦，原来你问的是这个啊，”他开始继续向前走，说道，“虽然你说你是第一名，但看起来仍像一个菜鸟。”

“谷仓到底在哪？”Notation又一次吼着，仍然踩着重重的步伐赶上Frank。

Frank回头对她一笑：“在这座小山上。”

他几年前得知，Crannock一家在生活中总是热爱运用数组的思想，近乎疯狂。他们会把所有的事物整理成井井有条的线性结构，然后将每个数组中的元素都标上清晰的索引。当Frank走过0号谷仓时，他看到了15个猪槽，每个猪槽可以放一份食物，农场里的喂猪人沿着猪槽摆放的直线，用勺子将猪食一份一份地送到这个数组的对应位置上。

Frank和Notation走到了2号谷仓，谷仓门口有个牌子标记着一个大大的“2”。相比之前遇到的人的态度，Crannock太太有些高冷的问候已经很令人欣慰了，至少她没有向他们砸任何东西……至少现在还没有。

“你们想干什么？”Crannock太太问。

“Crannock太太，”Notation担心Frank抢走了她的目击证人，抢先问道，“我能不能问你几个问题？”

Frank决定让Notation先问。Billy提供的线索只能指引他找到这个农场，但是Notation看起来收集了更多的信息。

Crannock太太冷笑一声，朝地上吐了口唾沫说道："我啥都没干，我已经金盆洗手了。"

"我不是来逮捕你的，"Notation说，"我想问你一些关于驴车——Array Cart（数组车）的问题。"

Frank心里闪过一丝疑惑。Notation难道是为了调查另一个案子才来这里的吗？他有些怀疑。直觉告诉他这个女人是为了那些丢失的文件而来的，而且他很相信自己的直觉。

"Array Cart啊，"Crannock太太说道，虽然她表面上是毫不遮掩的傲慢，但是语气里还是夹杂着疑虑，"这是我的发明，基于数组的原理而创造的。它有很多分开的棚，用来存放我的动物们。每一个棚只能存放一只动物。我可以直接把某一只动物放出来或者关进去，因为每个棚都有一扇门。这样可以直接地访问每一个存储位置，既方便又节约时间。"

"这方法确实很巧妙，"Notation承认道，"你把数组和索引的概念运用在了牲畜的转移上。"

"这只是一个开始，" Crannock太太补充说，"我和一个巫师在研究一种新型Array Cart，新型的Array Cart上带有魔法指针！我敢打赌它们作为警队的装备是再好不过的了。跟你的警长说我可以给他一点折扣。"

Frank不得不赞扬Notation的机智，一旦说到数组，Crannock家的人就开始喋喋不休了。

“你现在是不是租出去了几辆Array Cart？”Notation试探道。

Crannock太太突然变得极其冷漠地说：“我们做的事没有违法，我们交了税。”

Frank差点笑出声，但还是忍住了。

“两天前的晚上你是不是恰好把某些Array Cart租给了别人？”Notation步步紧逼地问道，“一种小一点的只有六个棚的Array Cart？”

“有可能吧。”Crannock太太说。她冷漠的举止渐渐转变为敌意。

Notation问：“你有记录是租给谁了吗？”

“没，”Crannock太太说，“一旦借的人把Array Cart还回来，我就会把记录撕掉，我现在也想不起来谁借的那一辆了。”

Billy的暗示似乎已经得到了验证。一个想逃跑的罪犯能租到Array Cart的地方不多，租完Array Cart就被忘记更是不太可能的，Crannock太太虽说自己已经金盆洗手，但她很明显地在向从前的同伙提供非常有价值的帮助。

“你确定你一点都不记得之前的客户了吗？”Notation不罢休地问道，但是Frank知道这个问题是没有意义的。他曾经为了一头被偷的牦牛而问过她三个小时，尽管她是被偷的一方，但她还是没有告诉他任何信息。Crannock太太不愿意开口。

Notation在尝试几种不同的问法，希望套出一点话，这时Frank悄悄地从谷仓溜了出去，找到了Array Cart的停车场。

不出他所料，停车场的十个车位被整理成了标过号码的数组，只有2号、4号和8号车位停着Array Cart。不过2号和4号的车位上停的都是有10个棚的Array Cart，都不是Notation说的那种。8号车位上停的才是有6个棚的Array Cart，它的轮子上还留着没完全干的泥土。

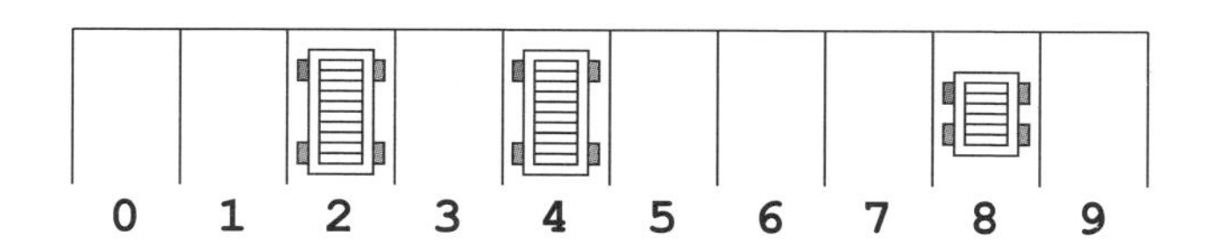

Frank扫视了周围，跳进这个有6个棚的Array Cart上。Array Cart的地板上零散地铺着稻草，但没有牲畜。Frank逐一打开每一个棚的门，在空无一物的空间里寻找线索。他趴在地上，一层层拨开稻草，直到找到了一些羊皮纸的碎片。

Frank一共找到了6片，可能是在把文件搬下Array Cart时被钉子割下来的边边角角。其中只有两片有文字，看起来像是账目的一部分。虽然这不是什么可靠的线索，但是这能表示这辆Array Cart和案子脱不了干系。

Frank开始检查Array Cart的前面，小心地在驾驶座上找线索。他在椅子那里找到了第一条真正的线索——在木椅子残破的地方，卡着几根黑色和橙色的细线，是披风上的线。Frank断定这件披风一定是新的，因为细线还没褪色。他心满意足地把细线装在口袋里，从Array Cart上跳下来。

当呼吸到一口新鲜空气时他才意识到，原来自己一直是屏住呼吸的。Array Cart的周围弥漫着鱼腐烂后的腥臭味。他嗅了嗅，循着臭气找到了根源——被泥土盖住的轮子。他深吸了一口气，但是立马就后悔了，那些泥土散发出的鳗鱼腐臭的气味是如此恶心。

Frank一边微笑一边作呕地远离了这辆Array Cart，虽然他不知道是谁租了这辆Array Cart，但是他毫无疑问地知道了这辆Array Cart曾经去过哪里。

警用算法导论：数组

节选自 Drecker 教授讲义

数组是可以让你存储多个值的简单数据结构。一个数组就像一排箱子一样，每个箱子可以存储一条信息，例如一个数或一个字符。

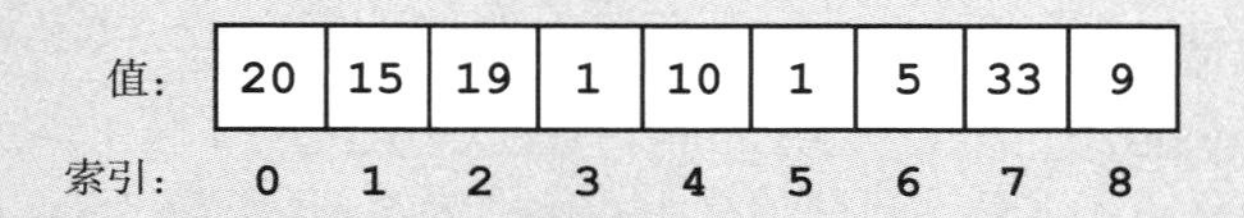

数组结构的意义在于，可以通过指定一个位置或索引的方法来存储或读取数组中的任何值（或元素）。很多编程语言数组的索引都是从0开始的。这也就意味着第1个值存放在第0位，第2个值存放在第1位，以此类推。通常数组A中索引为i的值存储在A[i]中。例如，上面的数组A的第3个元素的索引为2，我们用A[2]表示，存储的值为19。

昨天警校组织大家参观监狱时你可能已经发现了这个结构的运用。国王亲自建议使用索引来对牢房进行编号，这样可以简化对犯人的检索。现在每个警局都根据当地犯人的人数配备了4～8个编过号的数组牢房来关押犯人。

— 4 —

字符串及隐藏的信息

Frank甩掉Notation警官后从农场后门离开，那里有一块很大的正对着马路的指示牌。多年来，Crannock夫妇一直使用这个指示牌来传播各种加了密的非法活动的消息。这些天，对于前来此处的罪犯而言，它堪称一个旅游景点——恶棍领着年轻的门徒来到这里，聚在一起追忆那些以“想当年……”开头的故事。

指示牌是一个AnyText模型。它可容纳三排字符数组，每排有12个空位，每个字母、空格或标点符号都需要占用一个空位。这意味着指示牌可以容下36个字符——足以显示一个完整的非法活动通知。每周一早晨，Crannock夫妇中的一人就会拖着一筐字符到指示牌前，然后逐个将对应的字符放入数组的每个空位中。

Frank在当警察的第一个星期里，他的搭档就带他出去“检查指示牌”。当时的消息是“APPLE PICKER WANTED”和“GOT SLUGS?”，对Frank来说，这两则消息看起来无关紧要。Crannock夫妇在寻找一名采摘工来帮助采摘苹果，同时问是否有需要帮忙除去家里的鼻涕虫。当Frank对他的搭档（一位从业20年的老警察）说这事时，她笑了。

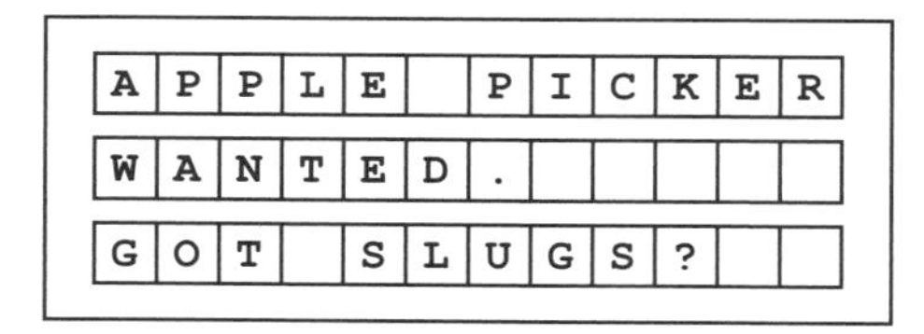

“他们就是希望你这样理解，”Rossile警探解释道，“你得看懂其中暗含的意思，搞清楚罪犯想的是什么。在本案中，招聘苹果采摘工是指他们在试图招募一名小偷。其实就是愿意从手推车或类似车辆上偷苹果的人。”

“那鼻涕虫呢？”Frank问道。

“非法鼻涕虫赛跑，”她回答道，“他们每隔几个月都会在这里举行比赛。到时候你就会明白的。”

就这样，Frank学会了每周检查Crannock夫妇的指示牌，以便了解罪犯的世界。开始的几个月过后，他已经学会解读大部分密码了。farmhand（农夫）就是指追随者，通过增加修饰语可以表达需要什么样的追随者，例如很强壮、很残酷，或者具体的人数。print artist（印刷艺术家）是指造假者，而vocal artist（声乐艺术家）则是指骗子，诸如此类。a flock of chickens（一群小鸡）这个词语把Frank难住了好几天，最后，Rossile警探将此解读为：需要一群头脑简单、四肢发达的热血青年到处乱跑并制造出噪声，以此来分散人们的注意力。

在当警察第一年快结束的时候，Frank已经成为解读指示牌的高手了。过去几年里，Frank通过指示牌解读罪犯消息时，唯一一次感到棘手的是他的王国都遭遇了巫师Exponentious发出的攻击那次。巫师Exponentious对王国中所有用数组设计的指示牌都施了咒语。咒语改变了原有数组的索引方式，这导致Crannock夫人放置的字母位置都是错的。整整一个星期，Crannock夫妇家的指示牌都被认为是毫无用处的信息。

D	E	F		V	E	I	N	S			E
D	I	Z					W	A	R		
D	E	N	T						A	W	

由于咒语仅仅是将原有的字母顺序打乱，而且AnyText模型是利用三个单独数组实现的，所以Frank可以逐一对每行进行破解。最终他解开了密码：DEFENSIVE WIZARD WANTED（招募防御巫师）。

但是，今天的消息显得太直白了。事实上，这是他在Crannock夫妇家的指示牌上见过的最狡猾的消息。指示牌上面写着“ARRAYCARTS FOR RENT”（招租arraycart）和“NO QUESTIONS”（没有问题）。

警用算法导论：字符串

节选自 Drecker 教授讲义

数组不仅可以存储一列数字，还可用于存储由一列字母组成的字符串。许多编程语言也都是利用数组来实现字符串的存储的，数组中的每一位都可容纳一个字符，这个字符可以是字母、数字、符号或空格。与使用其他数据类型的数组一样，字符串中的某一个字符也可直接通过数组的索引来访问。

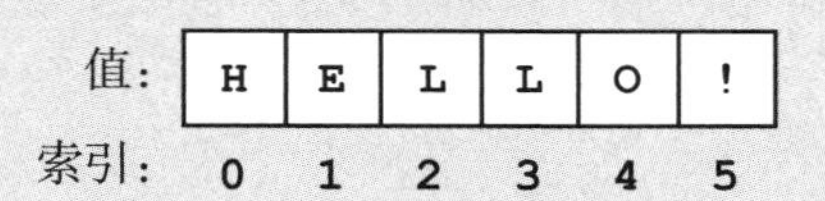

在你的警队生涯中，你会逐渐掌握使用数组来存储文字信息的方式。所有的标准警用表格都要求警官能在每页的顶部用一个32位的数组记录他们的姓名。通常一个月以后，你就已经用此方法填满400个这样的数组了。

— 5 —

对一艘走私船的二分搜索

Usb港看起来就像一个渔村。远远地看去，在码头的尽头矗立着一群破旧的建筑。每当有船只抵港时，这里才会有一些零星的活动，平时这个小镇显得非常宁静。

Frank直接向Crab's Pinch走去， 那是一个渔夫酒吧，以蛤砺海鲜浓汤和每周三晚上的船夫号子大赛而出名。如果幸运的话，今天他的一个老朋友将会出现在这里。毕竟，Crab's Pinch是Usb港上唯一一个可以去的地方。现在，Frank 选择后排角落里的一个位子坐下了，点了一份海鲜浓汤等待着。

不久前一个名叫Mavis的走私犯来过这个潮湿的小酒吧。由于天生小心谨慎，Mavis从来没有被抓到过。不过众所周知的是，她曾经不惜烧毁她的船以销毁证据。但Frank 与她私交甚好，至少在Frank离开警队后，他们会交换一些零碎的信息。

Frank对着他的浓汤度过了漫长的一个小时后，终于看到了Mavis，他推开碗向Mavis打了一声招呼。Mavis在门口犹豫了一会儿，挤过人群进入酒吧。

“Mavis，”当她走到这个角落后，Frank说道，“你好吗？”

“十分钟之前比现在好多了！”她生气地啐出这几个字。

Frank还没来得及问任何问题，Notation警官就大步跨进了门，她举着手大声说道：“女士们先生们，大家请注意！两天前的晚上有一辆马车路过这里。”

Frank低声咒骂着，他受够了她的这种官腔。

“我从天没亮就跑来这，本希望能有一碗热乎乎的海鲜汤和几分钟的安静，却看到了警察在找什么笨蛋马车！”Mavis抱怨道。

Frank笑了笑：“所以在她走掉之前，你都不能卸货，对吧？”

Mavis瞪了Frank一眼，但也没有什么可以反驳的。Usb港从来就没有人是靠捕渔和航运来赚钱的。这个港口对于罪犯来说的确很有吸引力，他们可以把心思都花在运送货品上，而无须应付那些“多管闲事”的政府官员。Frank敢用他一个月的租金打赌，在这个码头没有一条船是不走私的。

“你知道什么有关那辆马车的事情吗？”Frank轻声说。

Mavis耸耸肩：“这里的码头上总有马车。这里是一个港口，Frank，人们要运送货物。”

“这是一辆特殊的马车，”Frank说，“马车上有一串独立的可以存放动物的棚，就像一个装在轮子上的巨大的数组。”

“听起来很高级的样子，”Mavis说，“可我从没听说过有什么动物被运送。倒是听说过关于运送一些箱子或者两只小乌龟的传闻，但没什么东西大到需要用棚来运送。你确定它经过这里？”

Frank 点点头。那个马车的味道就像厕所里的鱼味空气清新剂，有时候闻起来就像Usb港的味道一样差劲。

“那这几天有船离开过这里吗？”Frank问。这些小偷把偷来的文件运送到这么远的地方，他们不会一直傻等着的。

“只有Retry Loop这艘船离开过，”Mavis说，“我只能告诉你这些，因为这是公开的。但是我并不知道它装了些什么，我也不关心。”

“那你知道它什么时候回来的吗？”Frank问。

“19个小时以前回到港口的，”Mavis 回答，“我还是不知道它装了些什么。”

Frank大笑着说：“看来我应该去镇上逛一逛了。”

Mavis敷衍地笑了笑后向服务员打了个手势。

Frank沿着码头走了不到20米，Notation警官就跑过去跟上了他。

“Runtime先生，我在调查一个案子，”她开口道，“如果你有关于……”

Frank 停了下来，使得她也猛地停住脚步。“Notation警官，你在调查什么？”Frank问道。

Notation嘴唇动了几下，没有发出任何声音，但此时她的脖子突然变得通红。

Frank又问："警长并不知道你在这里，对吗？你在这里调查并没有得到警长的许可。"

"你是什么意思？"Notation警官反驳道，但是Frank打断了她。

"别装了，"Frank说，"你单独来到这里这一事实就我的证据。你在擅自进行调查。可问题是你为什么要调查此案呢？"

此刻，Notation警官变得越发面红耳赤。

"这不是你该关心的事。"她说。

"警长能来找我，就说明他已经不相信自己的人了。"Frank冷静地回答。

"警长竟然聘请了你这种过气的侦探？"

"是的，因为他相信我。"

Notation警官板起脸，眼里露出怒气。不一会儿，Frank甚至觉得她也许会用她的警棍来结束这次谈话。但是她很快就消气了，就像她来气时一样快。

"我需要找到那些文件，"她伤心地说，"这是我的错——那晚是我值班。"

"明白了。"Frank若有所思地说。

"我必须找到那些文件，"Notation警官又重复了一遍，听起来有点激动，"我刚到警队才几个月，并且……"

Frank打断了她，并给了她一个安慰的微笑，他料到是这样的。菜鸟们很少能够处理好他们犯下的第一个错误，而Notation看起来又比大部分人遇到的麻烦更大。"我们正在寻找Retry Loop，"他说，"Crannock夫妇的马车在那个抢劫的夜晚卸下了什么东西，船在19个小时之前已经回来了。"

当然，Frank并不相信她，不过他希望能和她走近一点儿，密切关注她。她所掌握的Crannock夫妇的情况比她写在报告里的东西要多得多。有一些东西在她的报告中没有提及，Frank必须知道她还知道些什么。

“我们最好马上开始，”Notation苦恼地看着码头说道，“有好多船都需要检查。我们是从头开始吗？”港口大部分的船都属于走私犯船，它们很难被区分出来，可能需要挨个去问这些船的名字。

“我们有更好的方法，”Frank解释道，“这里的海关长是个排序狂，他坚持要把港口停泊的船只按照它们的到港时间排序。新抵达的船会被安排到一个最接近小镇的船位，这样可以让船员方便地装货和卸货，如果又有新抵达的船，就让所有的船都往后调整，让出最前方的位置。”

“真是可笑，”Notation说道，“多浪费力气！他为什么要这样做？”

Frank笑了笑说：“他声称这是为了效率，但任何在Usb港待了一个星期的人都知道真相。这个海关长受不了腐烂的鱼臭味。港口里那些货物没有全部售完的船，唉……‘香气四溢’。海关长的目的就是要让在港口停留时间长一些的船只远离他的办公室。”

Notation警官瞪着他问道：“你是认真的？”

Frank 又笑道：“是的，如果你巡逻过，你也会获得这种有用的信息。现在的关键是我们知道了这里的船是按到港的时间顺序排列的，并且Retry Loop是19小时前抵达的，所以我们就可以简单地做一个二分搜索。

“我们的目标值是19，我们的算法是二分搜索。现在搜索空间是整列船只，所以我们已经有了上界和下界，如果我们使用闭合区间，那么我们的下界是第一艘船，上界是最后一艘船。如果Retry Loop在这里，很明显它不会在第一艘船之前，也不会在最后一艘船之后。

“现在我们从中间的那艘船开始，询问它是何时到港的，如果它的到港时间不足19个小时，那么它肯定在Retry Loop之前。这样可以将我们的搜索分为两块，然后……”

“如果它是19个小时以前抵达的，则它一定在Retry Loop之后，”Notation抢在Frank之前说，“我知道二分搜索，我的警用算法课的期末考试就在两个半月之前。”

确定搜索算法后，他们俩就动身去找Retry Loop。中间的船是一艘闻起来有股怪香蕉味的黄色帆船，它是17个小时前抵达的。

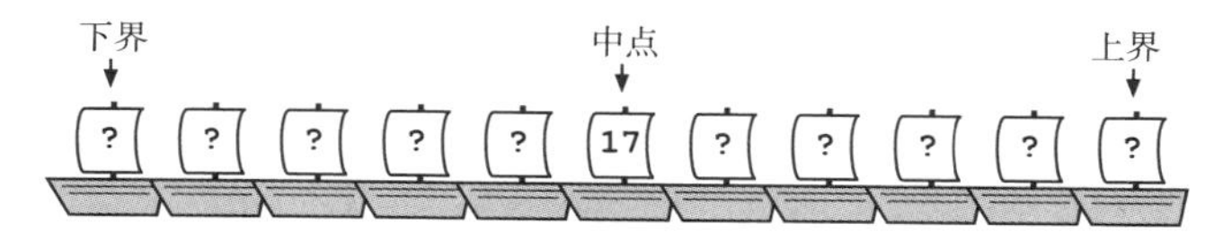

这意味着他们可以排除前面一半的船只了，包括中间这艘。Frank将下界调整为黄色帆船之后的那艘船。

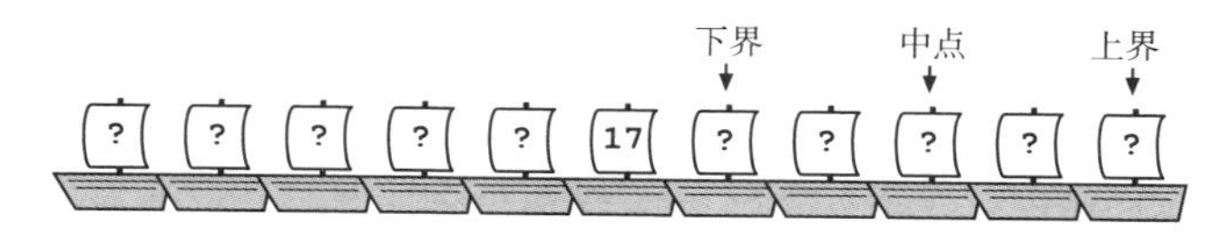

搜索空间缩小后，他们选择了一个新的中点。他们花了好一段时间才让这个船长相信他们不是海关的卧底。十分钟之后，Notation将她的徽章推到了船长的眼前，船长的语气立即变得愤怒而抱怨，他说他的船Corrupt Packet已经被困在这个港口22个小时了，要求他们代表他和海关长谈谈。

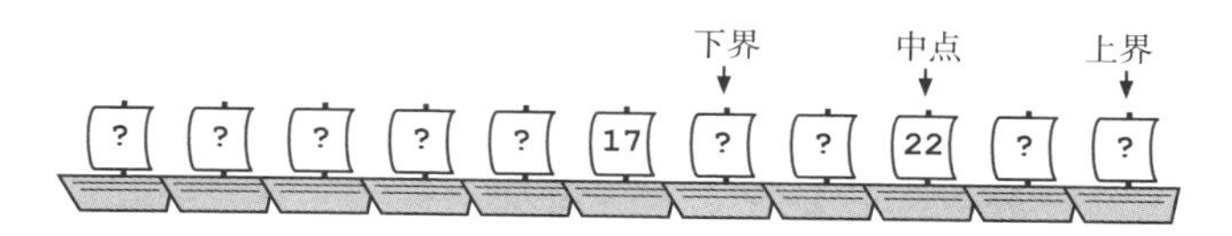

因为目标是19个小时，所以他们知道Retry Loop 是在Corrupt Packet之前抵达的。他们又一次改变了界限，所以现在Corrupt Packet左边的船是新的上界。

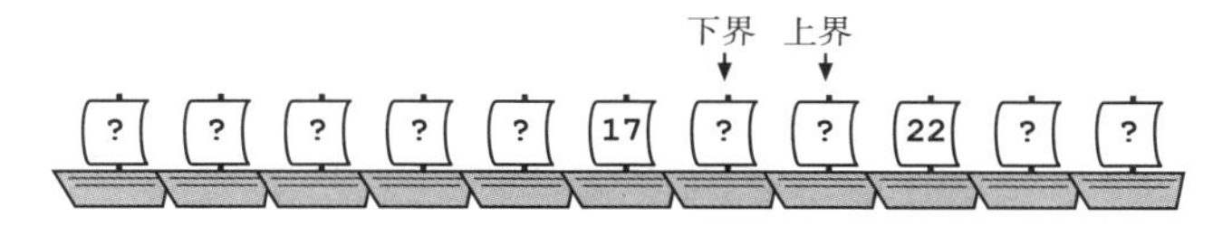

只剩下两艘船在搜索范围内了，搜索即将结束。如果这两艘船都不是Retry Loop，他们就能确定它已经离开港口了。一旦搜索空间没有更多的元素，他们就可以排除整个搜索空间。

因为现在只剩下两艘船，他们可以选择其中任意一个作为中点，根据直觉，Frank选择了早些抵达的船，也就是它们中的下界。与一个在码头闲逛的水手进行简单对话后，他们确定这艘船就是Retry Loop，它已经抵达19个小时了。

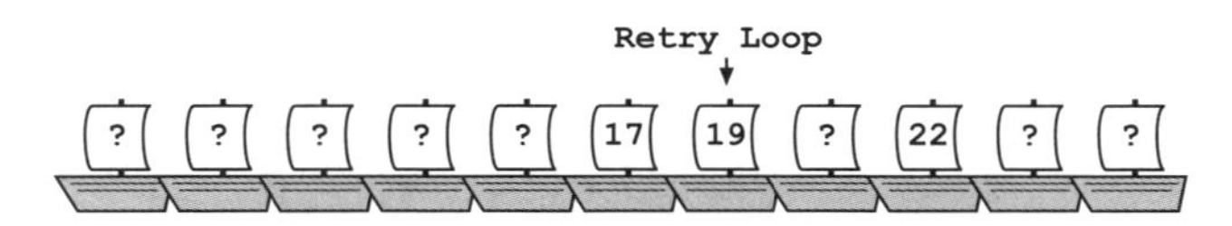

“现在怎么办？”他们看着那艘船，Notation问道。

“我们要用你那枚闪亮的徽章。”Frank回答道。

警用算法导论：二分搜索 I

节选自 Drecker 教授讲义

二分搜索算法用于高效地在有序数组A中查找一个目标值v。和线性搜索不同，二分搜索利用数据结构中的信息让搜索更高效。高效算法的关键是信息。在下面的例子中，我们就要使用数组是按照升序排序的这个信息：

对于一对索引i和j，如果$i<j$，则有$A[i] \leq a[j]$

这看起来并不是很多的信息，但是它足够让我们的搜索更加高效。

二分搜索算法的工作原理是：不断地将搜索空间分成两半，并且把搜索空间限制在其中的一半中。这个算法通过改变上下界限有效地限制了搜索空间。上界（*IndexHigh*）标记了搜索空间有效数组中最大的索引，下界（*IndexLow*）标记了搜索空间有效数组中最小的索引。通过这个算法，如果目标值在这个数组中，就可以保证：

$$A[IndexLow] \leqslant v \leqslant A[IndexHigh]$$

在搜索的每一步中，我们只需依次判定上界和下界中间的值：

$$IndexMid = \frac{IndexHigh + IndexLow}{2}$$

接下来，我们将中间值$A[IndexMid]$和目标值v进行比较。如果中间值小于目标值（$A[IndexMid] < v$），那么目标值一定介于这个中间值之后。这样我们可以将$IndexLow$改为$IndexMid+1$，这样搜索空间又变成原来的一半了。

如果中间值比目标值大（$A[IndexMid]>v$），那么目标值一定位于中间值之前，于是我们将$IndexHigh$改为$IndexMid-1$，这样搜索空间也会变成原来的一半。

当然，如果我们发现$A[IndexMid]$等于v，我们可以直接结束搜索，找到目标值。

现在我们就来使用二分搜索算法在下面这个已排序的数组中寻找到15。虚线框出的方块是算法当前需要判定的值，而被阴影遮住的部分则是在搜索中被排除的部分。

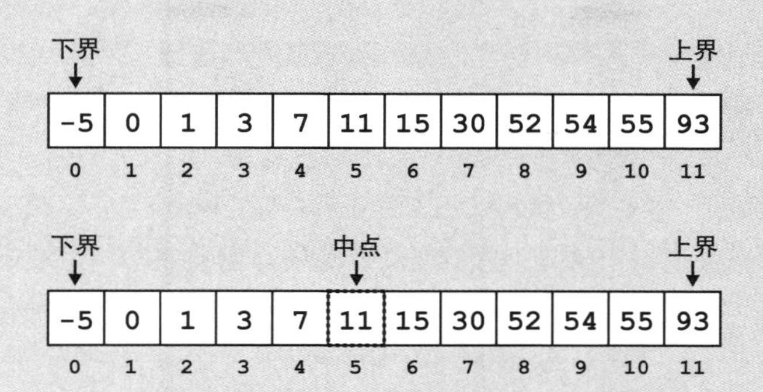

第一个被判定的中点的值是11，比目标值15小。因为我们知道这个数组是按照升序排列的，所以可以排除中点及其之前的所有部分。我们将下界索引移动到适当的地方（*IndexLow* = *IndexMid* + 1）。

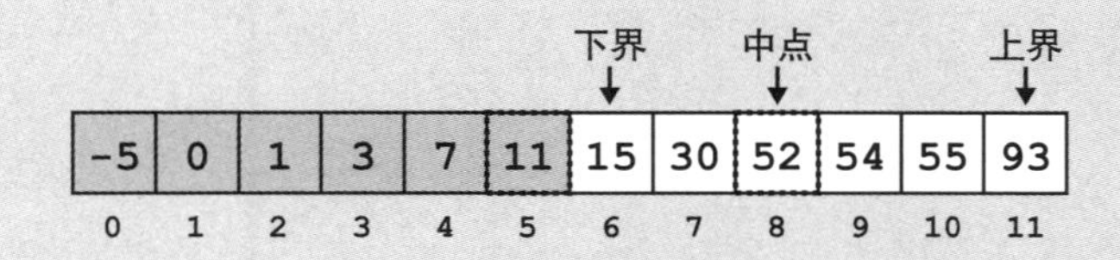

在第二次比较之后，我们发现中点值是52，比目标值大。我们可以排除中点和它之后的所有部分。此时需要移动上界（*IndexHigh* = *IndexMid* –1）。

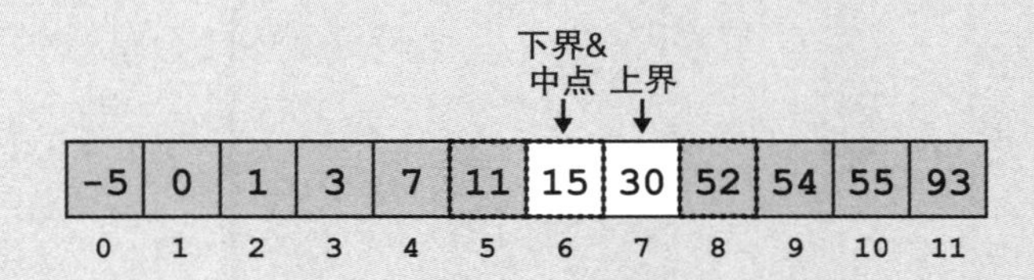

请注意，通过这几次的操作，此时虽然下界已经是目标值了（*v*=15），但是我们仍需要继续搜索，直到中间值指向目标值。这是因为二分搜索是对中间值进行判定的，而不会判定上

界和下界是否是目标值。

如果目标值不在数组中会发生什么呢？在搜索过程中，上下界之间的距离会越来越近，直到它们之间没有任何还未检查过的值。因为我们总是将其中一个界限移动到中间值的另一边，所以我们可以在$IndexHigh < Indexlow$的时候停下来，这时就可以保证目标值不在数组中了。

— 6 —

二分搜索寻线索

“我们是食品监察员。”Frank与Notation警官一边大步流星地踩着狭窄的跳板上船，一边喊道。在Frank的示意下，Notation迅速地挥了挥她的工作证，快得根本来不及让人看清楚证件上写的是什么。

“食品监察员？”一位船员疑惑地问道，“我们并没有运送任何食物啊。”

Frank把这位船员打量了一番，他看起来不像船长，也不像被雇佣的保安，他可能只是一位水手，当船长不在的时候就由他负责。这在走私船上很常见，因为如果雇佣安保人员来看守货物，那会显得太招摇了。

Frank冲着那位水手吼道：“我们要查查看。我可听说这条船上有一批腐烂的鳗鱼，我就是来查这批鳗鱼的。”

“鳗鱼？”那位水手对此表示非常疑惑。

“腐烂的鳗鱼！”Frank马上答道，“我们要到下面去查查。”没等对方回答，他就朝着舱口大步走去，准备走下甲板。

Notation 连忙紧随其后。

“咱们时间不多，趁着他们船长还没回来，咱们得赶紧找到这条船的航行日志。”Frank边下梯子边说道，“航行日志上有货单，上面会记录运过的货物及抵达过的港口。货单肯定造过假，因为走私船上从来不会记录真实的货物。但如果读得够仔细的话，我们说不定能发现一些蛛丝马迹。”

Notation在货舱后面找到了航行日志，她把它抽了出来。Frank仔细看了看封面，上面写着如下信息。

货单及Retry Loop日志

船长：A.James

船籍港：Usb

船主：Vinettee家族航运集团有限公司

没想到在成功避开Vinettee集团围捕的几个月后，这次Frank竟然又歪打正着地上了他们的一条船。Frank本能地四处查看货舱，看有没有藏起来的党羽，或改装成武器的农具，或者有没有鼻涕虫比赛的痕迹。Frank打消了最后一种想法的可能性，因为大家都知道鼻涕虫不会在船上赛跑，它们好像不喜欢在满是盐水的环境里赛跑。[1]

他摇摇头，继续把注意力集中到眼前的问题上。Frank必须在Vinettee集团的人得知他上船之前找到点线索，不然他有可能又下不了船了。他立即把航行日志翻到最后一页，然后开始一页一页往前翻。

1 有一种说法是鼻涕虫遇到盐就会化成水。——译者注

Notation问道："你在做什么？"

"我在找最后一次的航行日志记录。"Frank回答。

"一页一页地找？"Notation问道，"这本日志一共有1000页，为什么你不使用二分搜索的方法？就是我们在两分钟之前刚刚使用过的方法。"

Frank停了下来。虽然他并不是寻找某个特定页码，但是他仍然可以使用二分搜索的方法找到这条船的最后一次航行日志。他可以根据当前页是否有文字记录来减小搜索范围。

"好的。那就使用二分搜索的方法。"Frank同意了。

Frank再次打开航行日志，并翻到最后一页。在确定这本日志正好1000页后，他设定这本日志的页码下界为1，上界为1000。他得出中间值是500，然后翻到了第500页。

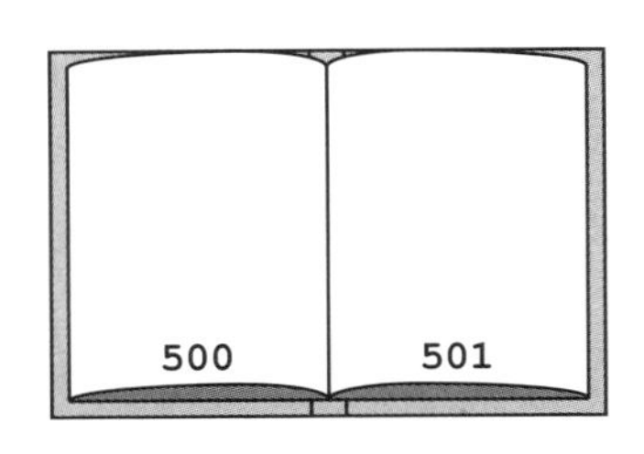

他发现第500页和501页都是空白，因此Frank知道了这本航行日志的最后一次航行记录必然在第499页或之前。现在他把第499页设为新的上界值。然后再次算出中间值为250，并翻到第250页。他发现第250页竟然又是空白。

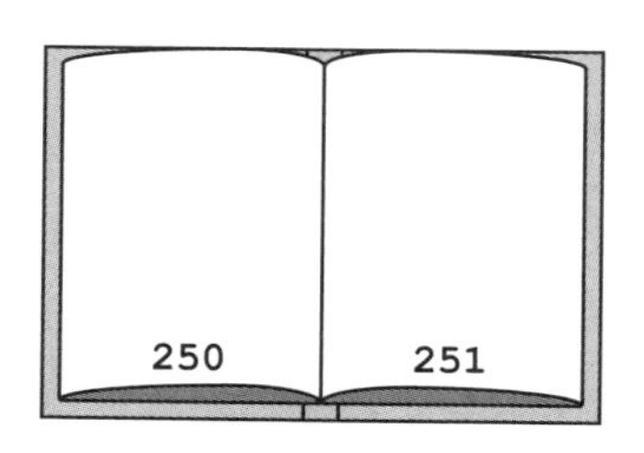

“这看起来像一本新的日志啊，”Notation说，“还好你刚才没有从最后一页一页往前翻。”

此时，Frank根本没空理她。他再把下界值设为1，上界值设为249，并算出中间值125，并立马翻到了125页。这次他找到了笔迹，由此可以断定，最后一次航行日志的记录必然在125页之后，因此他将下界值调整到125。最后一条记录必然在125~249页之间。

“187页！”在Frank在脑海里计算出中间值之前，Notation便脱口而出。Frank翻到了第187页，发现这页也有文字记录，看来187页也不是最后一次航行记录，应该还在187~249页之间。于是他继续调整下界值为187。

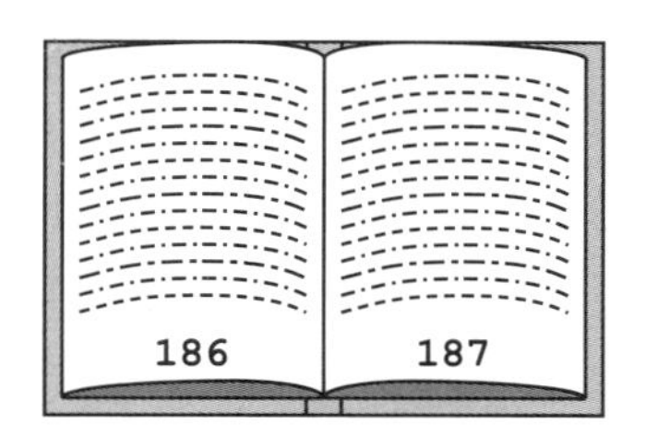

“218页！”Notation说道。该页竟然还是空白页，那么最后一条记录必然在187~217页之间了，因此Frank将下界值和上界值分别改为187和217。

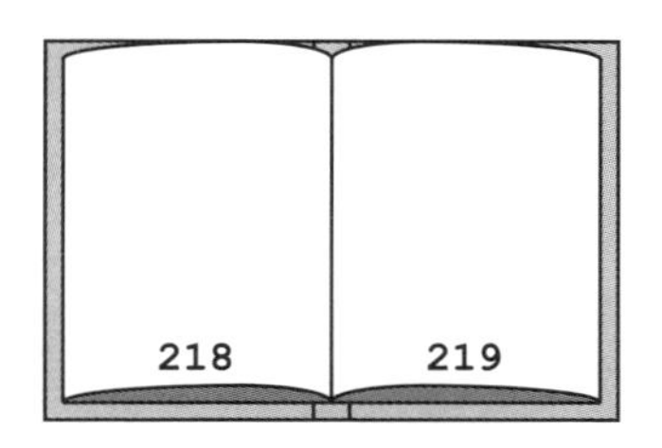

“202页！”在Frank将上下界值相加之前，还没来得及计算中间值，Notation又脱口而出。

“你为什么算得这么快？”Frank问道。

“熟能生巧呗，”她回答，“在学校里，每当课余休息时我们都会做二分搜索，我总是能赢。”

Frank摇摇头，咕哝道：“听起来挺好玩的。”

Frank翻到了第202页和203页，发现也都有笔记。“接下来是210页！”Notation说道。

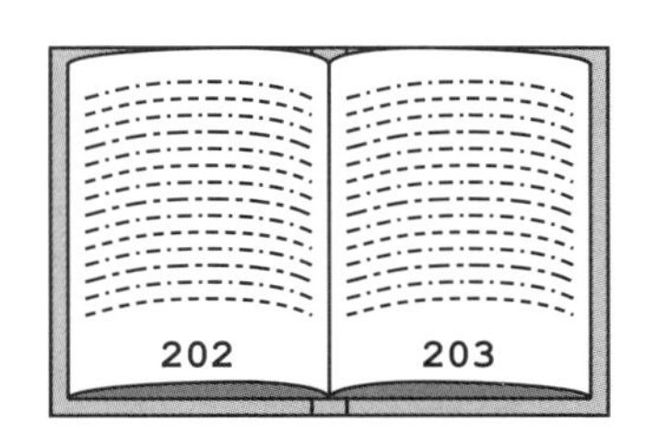

在第210页，他们终于发现这是航行日志的最后一页，上面描述了的最后一次航行的详细记录。“接下来做什么？”Notation问道。

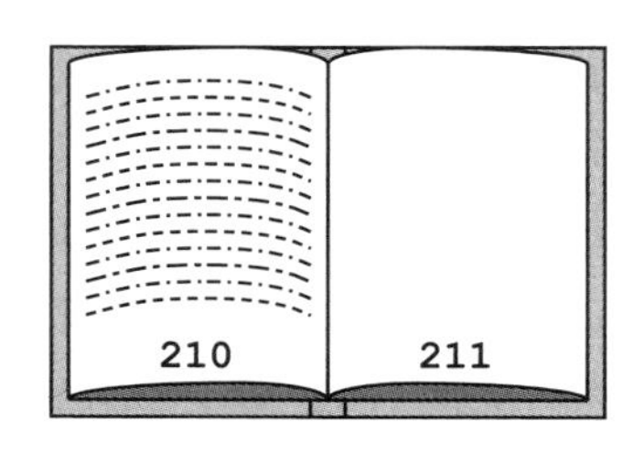

“我们要找到最后一次航行中的可疑包裹或者港口。这页大约有70个记录，我们要一条一条地看。”

“穷举搜索？”Notation问道，“我们难道不能用一种更高效的方法吗？难道不能把这些记录按照装卸货和交付时间来排序吗？”

“这里不能使用排序。”Frank回答道，“我们不知道每条记录的时间。只有当使用了确定的维度将这些数据排序时，这些排好序的数据才有用。不能按照不确定的维度来进行排序。你想想是不是这样？”

“哦。这是‘天气记录’问题。”Notation说。

“什么问题？”Frank问道。

“这是一个在查找过程中以错误的方法对数据进行排序的例子，”Notation解释道，“Drecker教授给我们举了一个例子：如何在最近十年的温度记录中找到最冷的一天。如果你将每天的气温日志按照日期时间来排序，你使用二分搜索可以很容易地知道一个指定日期的天气记录。但是这并不能帮助我们找出最冷的一天，所以我们仍然需要浏览每一天的气温记录。”

“我们还是回到现实吧！”Frank说道，“别说那些没有用的，此时你还是找出哪些记录对你有用，哪些对你没有用吧。不要担心，刚才的错误对一个新手来说是很常见的。”

Frank看到Notation对他的话大为恼怒，不禁窃喜，并竭力控制住自己的幸灾乐祸。每个新手在刚出校门时都认为自己无所不知，但是事实证明每个人都还有许多东西需要学习。这次幸好Notation并没有遇到太多麻烦。Frank之前曾经花费很长时间用铲子去铲成桶的猪粪，也正是那个时候，他了解到了二分搜索算法，那时他也对他的职业选择产生了质疑。

大约三分钟后，他们找出了唯一的线索。Retry Loop最近有两次可疑的停靠，Mudwall港口和Frayed Cable岛。即使是走私人员，停在这两个地方也非常奇怪。Mudwall港口依托一个偏远又满是泥浆的农场，还经常吹嘘其少之又少的贸易量。Frayed Cable岛更加荒凉：这是一座岩石小岛，岛上仅有一座建筑——现在已经废弃的IronRing监狱。

“这里，”Frank指着日志说道，“这就是他们处理那些文件的地方，Mudwall港口或Frayed Cable岛。他们可能在一个地方丢掉文件后在另外一个地方提取款项。”

“你怎么知道的？”Notation问道，她看起来很怀疑，“难道我们不应该考虑所有港口……”

Frank打断她的话：“我们没有时间找出所有港口。”他没有详细解释。他使用他自己发明的算法，即启发式搜索，虽然在当船长时这种算法曾让他陷入麻烦，但是他有一种直觉，并且他坚信这种直觉。

“你确定……”Notation正要问，但是被他们上方的声音打断了。

Frank没有说话，但是可以很清楚地认出这声音。麻烦来了。

警用算法导论：二分搜索 II

节选自 Drecker 教授讲义

使某个算法有效的关键因素是信息。对于二分搜索，我们得了解有待排序的数据的相关信息，以便知道数据是按照什么方式排序的。为了排除（或缩小）较大查找范围，所使用的算法必须能够保证我们要找的目标值不在被去除的范围内。

但是，按照某个维度对数据排序后，并不意味着你可以按照另一个维度对数据进行二分搜索。例如，你正在查找某个记账单，以便找出线索。记账单是使用交易号来排序的，这表明交易被按照记录时间来排序了。这意味着每个条目的交易号都小于其后面条目的交易号。如果当前条目的交易号为105，则这个条目之前的所有条目的交易号都小于105，其之后的所有条目的交易号都大于105。

101	August 16	Zed's Coffee	8.00
102	August 15	Bob's Pizza	20.00
103	August 15	Wands and More	150.00
104	August 15	Spell Shoppe	100.00
105	August 16	Zed's Coffee	8.00
106	August 16	Spell Shoppe	50.00
107	August 17	Zed's Coffee	8.00
108	August 17	Hospital	250.00

但是，这也意味着条目的其他字段（如交易的实际日期、交易者姓名或交易金额）并未按一定的顺序排列。如果你想要找出特定可疑金额的对应交易或者使用已知军火商找出相关交易，要怎么办呢？这时现有的排序是否有用？没用，你需要使用详尽的线性查找。

虽然你知道Zed咖啡馆发生了编号为105的交易，但是这并不能让你知道该场交易前后的交易的交易者信息或交易金额。

同样道理，如果你按照交易金额递增的顺序来排列账目，则可以快速找出所有价值为250美元的交易，但是这并不能帮助你找出特定的交易日期、交易号或交易者姓名。

— 7 —

调整算法，大胆逃离

头顶的甲板传来了沉重的脚步声，Frank 环顾四周思考着如何应对这一突发状况，但貌似并没有选择的余地，唯一的一道舱门通向的正是头顶的甲板和从那走来的不速之客们。而他们所在的储藏室现在几乎空无一物——早在抵达 Usb 港口的时候，船员已经将货物全都卸下船了。试图藏在这里简直就如同站在角落里说“你看不见我”一样荒谬。

Frank 一个接一个地排除掉了他们可能选择的应对方案，包括那通常都不怎么奏效的躺下装死的伎俩。这时，他看见Notation拿出她的徽章，立正站定在原地。

“你在想什么啊？”Frank 嘘声道。

“我是一个正在执行侦查任务的警官。”Notation 解释道。

Frank 难以置信地摇了摇头。“这套‘我是警察，停下别动’的伎俩在这种时候根本没用。事实上，绝大多数时候它都没用。我们正在一艘走私者的船上调查一起偷窃警局财产的案件。警局里根本没人知道你在这，不是吗？我敢打赌，待会儿走过那扇门的人也知道这一点。”

Notation 张开嘴，试图争辩，但她最终闭上了嘴，将她的徽章放回了外套口袋中。这时，一群身形巨大、穿着出奇讲究的恶棍从门外涌了进来。他们在储藏室内散开，将Frank和Notation围了起来。

“女士们先生们，”Frank 说道，“我们已经完成了对这艘船的检查。看起来你们并没有携带任何腐坏的鳗鱼。我们的工作是试图保证这个王国食品供应的安全。谢谢你们的耐心和配合，我们这就离开。”

似乎是对 Frank 这番话的回应，两个身形巨大的恶棍抓住了 Frank 的手臂。他们将 Frank 拎了起来，准备将他带回甲板上面。多年来的经验让 Frank 对此已有准备：他发明了一种姿势，可以让自己在这种时刻尽可能舒适。但即便如此，他还是能感觉到自己的手臂在慢慢地青肿起来。

“喂！”Notation 叫道。看来她也同样被带出了储藏室。

走上甲板，看到阳光的一刹那Frank不由得眨了一下眼睛。那群恶棍将他带到了甲板的中间，随即把他丢到了木地板上。砰的一声，Notation 也被丢到了 Frank 的身边。紧接着，那群恶棍再一次把他们围了起来。

Frank 一边打量着抓他们的这群人，一边慢慢将自己调整到了一个坐着的姿势。恶棍们一动不动，随着船身来回摇摆，他们似乎在等人，看来他们真正的领头人还没到。Frank 抓住这个机会，转向离他最近的一个恶棍。

“接下来你们想把我们怎么样？”Frank问道，“关起来？丢到船下面？交给雇你们老大的人？”

那个恶棍耸了耸肩说：“别看我，我只在这里工作了 15 天。”

“新手啊！”Frank说道。

Vinettee集团对保密有着狂热般的信仰，他们只会把行事计划告诉队里资历最深的人。新来的人则需要一步步证明他们的忠诚，慢慢得到提拔。所以要想知道任何有用的信息，Frank 首先得找出船上资历最深的人。

Frank 慢慢开始有了主意。Vinettee集团的这群恶棍从来都是按照资历高低的顺序来站位的。这是因为在 Vinettee集团的体制内，每个人都有一位资历刚好在自己之上的人作为自己的导师——比如刚刚加入的新人的导师便会是原本队内资历最浅的人。而在这种集体行动的时候，大家都会站在自己的导师旁边。

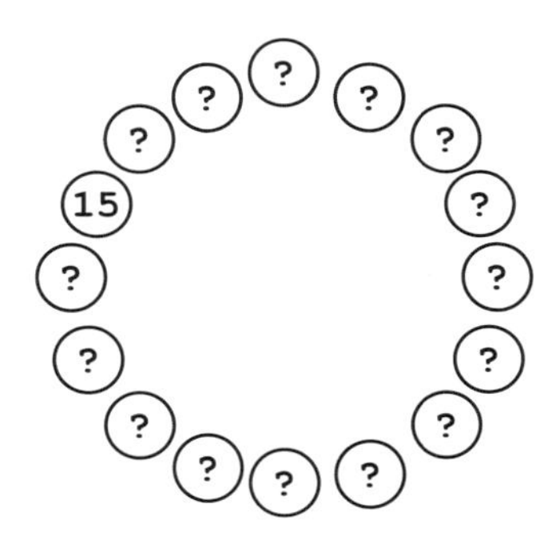

所以这一圈恶棍说到底只是一个被首尾相连的按资历排列的有序数组。二分搜索法似乎可以派上用场，不过得做一点调整去适应这个新的数据结构：这群恶棍们站成了一个圆圈，而不是一条直线。不幸的是，Frank 并不知道这个数组的起点和终点。然而很快他就想到了一个能快速找到资历最深的恶棍的算法。有了这个算法，Frank 便能减少所需要询问的恶棍的数量，从而能尽可能地在自己被再次带走之前得到想要的答案。

他转向那位新人恶棍右边的那位，问道：“你呢？你是这里的老手了吗？”

“19天。”她答道。

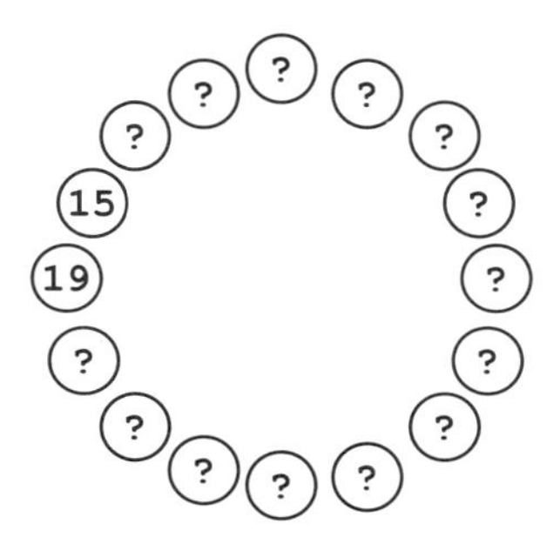

有了这个信息，Frank 几乎可以确定这群人是按资历由浅到深沿着逆时针方向排列的了。但他并不能完全确定，因为或许“15天”和“19天”便是这群人中资历最浅和最深的人了，虽然这种情况的可能性很小。Frank 曾经有过草草率率便开始搜索的经历，结果可想而知，并不理想。因此在他真正开始搜索之前，他需要再找一个数据点。他选了剩下的恶棍中正中间的那位。

“你呢？”他问了刚来15天的恶棍对面的那个女人。

“37 天，”她回答道，“你关心这个干什么？”

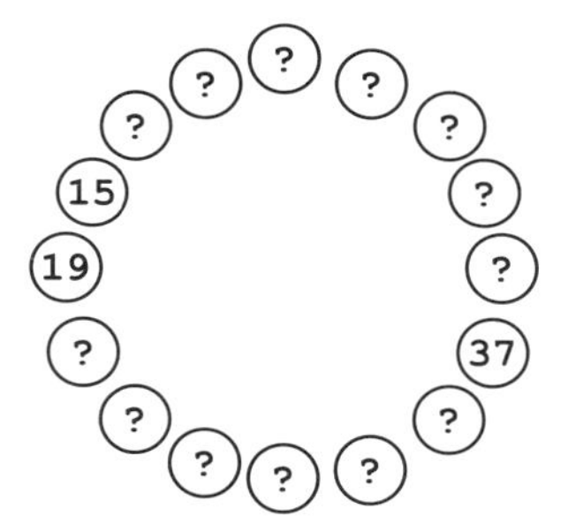

有了这个信息，Frank 得以证实了他之前的猜想——这群恶棍的确是按资历由浅至深按逆时针顺序排列的。因此，Frank 可以不再考虑“15 天”和“37 天”之间的任何人了。资历最深的恶棍如果不是“37 天”的话，就一定在“37天”的逆时针方向，且在“15 天”之前。

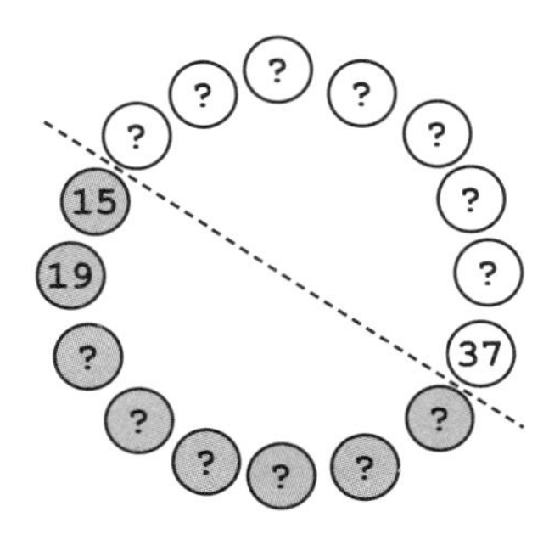

Frank 努力抑制住内心的一股恼怒的冲动，他从来没有和资历这么浅的一群恶棍打过交道，他甚至觉得自己被侮辱了。“这简直是太尴尬了，”Frank 对抓住他们的那群恶棍说道，“我们被一群新手抓住了。你们是什么人，替补队吗？”

“你在干什么啊？”Notation 悄悄对 Frank 说道。

“一个改良版的二分搜索。”Frank 低声回复道。

Notation 叹了口气说：“这个我知道。看起来你在试图找出资历最深的一位，你做的简直再明显不过了。但为什么？你又怎么知道他们是按资历深浅顺序站的？”

Frank 无视了她，深吸了一口气，紧接着重新开始专心搜索。他不知道在大老板到来之前他还有多少时间。他选择了还没被排除的那群恶棍里正中间的一位，问道：“你呢？”

“这是我在这干的第3天。”那个恶棍犹豫地说道。

“我的天！”Frank 大声嚷嚷道，“真的吗？”

“第3天？你不用先经过训练什么的吗？”Notation 问道，听起来她是发自内心地感到好奇。

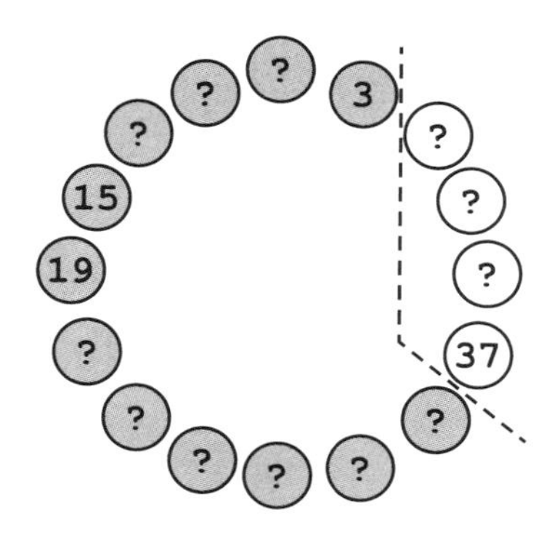

看来资历最深的人不可能是“15 天”和“3天”之间的三个人中的任何一个。由此 Frank 再次缩小了他的搜索范围。

Frank 再一次将剩下可能是老手的那群恶棍分成了两半。“你一定是相对来说的老手了吧？”Frank 问中间的恶棍道。

“额……先生，这是我第1天在这干。”那个恶棍结结巴巴地说道。随着大家的目光集中在那个恶棍身上，他开始紧张得大汗淋漓。

Frank 低声咒骂了一句。

“不要叫他‘先生’，”“19天”吼道，“他是我们的犯人。”

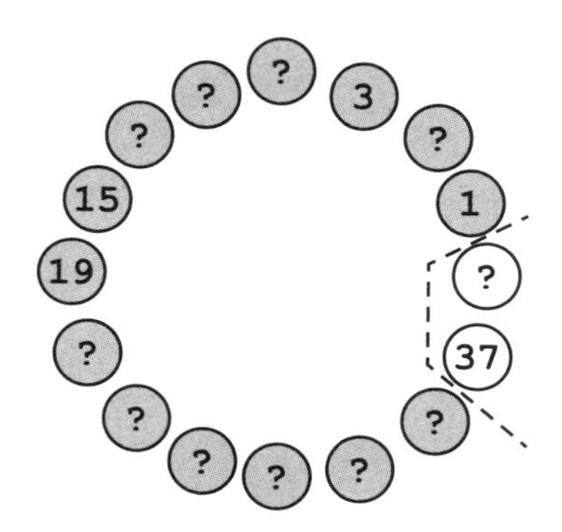

现在 Frank 已经把搜索缩小到了一个很小的范围。“我猜你也是第1天吧？”Frank对其中除了“37 号”外的最后一个恶棍问道，毫不掩饰自己的鄙夷。

那个女恶棍笑道，“我已经在Vinettee集团干了一个多月了，”她说，“42天，天天都在防止你们这群警察来多管闲事。”

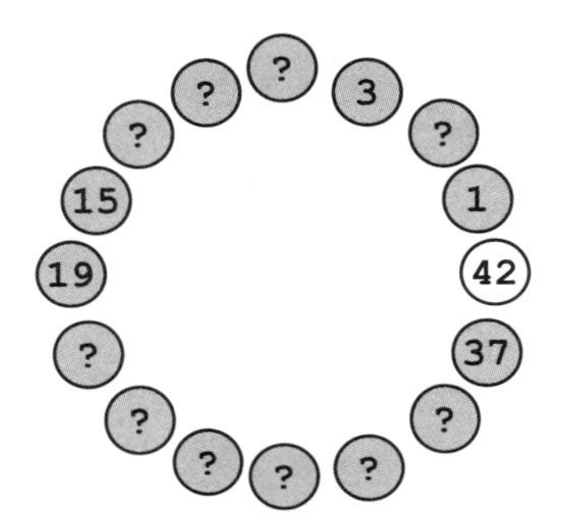

找到了！“真的吗？”Frank说道，“那你在这干什么呢？”

女恶棍皱了皱眉头，问：“你什么意思？”

“Vinettee集团一般都会把更重要的任务交给资历最深的亲信。来护送一批走私的卷心菜？这难道不是浪费你的时间吗？”他一边对女恶棍说道，一边努力地回忆着自己是否在任务日志中看到过任何对于卷心菜的提及。无论如何，这样说也不是毫无道理，因为所有的走私者在他们的走私生涯中或多或少都与卷心菜打过交道。最近由于卷心菜税的提升，Usb港的黑市内卷心菜的交易量几乎增长了一倍。

“卷心菜？”女恶棍不屑地笑道，“我来的第一天就干过卷心菜的活儿了。我们现在的活儿比卷心菜重要多了。”

“哦？”Frank说道，“已经升级到走私胡萝卜了？”

女恶棍脸红了。即便走私蔬菜能占到一个走私者总利润的八成以上，但它依旧是走私行业中不那么光鲜的勾当。

“不，”她说道，“比走私胡萝卜要好上百倍。我们在做一份私人的合约。”

“哦？”Frank说道，“我听说贩卖胡萝卜是个挺好的勾当啊，听说利润挺丰厚的。”

“你就别操心了，”女恶棍沾沾自喜地说道，“联盟给我们的回报挺丰厚的。它要我们……”

“Runtime 先生，”一个熟悉的声音传了过来，“别再试图从我的手下口中套信息了。从他们那里套信息并不难，但你能知道的这个信息也没什么用。有价值的信息我当然不会告诉他们。”

Frank 抬起头，看到Rebecca Vinettee 也站到了那群恶棍的圈中，他不禁感到一阵胃痛。

“话说回来，你是？”Rebecca Vinettee 朝向 Notation 警官问道。

“这是食品安全局腌鳗鱼部的 Susan Pointer，”Frank 说道，“我们在追查一批不合格的 Usb 港的银尾鱼。”

Rebecca Vinettee 轻轻地嘘了一声。“哦，Runtime 先生，我并不这么认为。”她停顿了一下，仔细看着 Notation，“如果我没弄错的话，这是刚刚加入警察局的Elizabeth Notation警官。”

“我在执行一起官方的……”Notation 开始说道。

“不，”Rebecca Vinettee打断了她，“你没有在执行任何公务，

Notation 警官。我知道目前所有正在被安排执行公务的警官，上到水生侠盗的案子，下至非法鼻涕虫比赛的琐事。得益于我的线人，我对这些东西清楚得很。而你并没有被分配去执行任何公务，但你现在却在私闯我的货船，所以现在问题是，我该怎么处置你呢？”

“难道你不想先问问我为什么会在这吗？”Frank 说道。

“Runtime 先生，”Rebecca Vinettee 异常耐心地说道，“请你不要低估我。我知道你为什么在这，你来之前我就知道了。我对整件事情的来龙去脉了如指掌。

“但话说回来，我该怎么处置两个多管闲事的警官呢——哦，不好意思，你已经不再是一个警官了，对吧，Frank？我应该这么说：我该怎么处置一个多管闲事的警官，和一个多管闲事又已经被解职的警官呢？”

Frank握紧了拳头。他回想起自己在警察队伍里工作的最后一个月，还有Rebecca被从监狱中放出来时对他的嘲笑，当时Frank按部就班的调查并没能证明她有罪，所以警察局的长官不得已只能放了她。

“干脆你就接着这样自说自话，让我们无聊死算了。”Frank 说道，“不如你来跟我们说说那个联盟吧？”

Rebecca Vinettee笑了，“别担心，Runtime 先生。我没有准备久留你们来听我在这无聊地自说自话。我之前早就想好如果你们再一次妨碍我的话该如何处置你们了。你们还真以为你们对怎样结束自己的性命还有任何左右的余地吗？”

“结束？”Notation 尖叫道。

Rebecca Vinettee 对她的一圈亲信点了点头，他们随即上前一步，像一群表演无中生有的魔术师一般从他们考究的西服口袋中拿出了各式各样的武器。一个高个子男人从他的领带下面拿出了一根长近一米的狼牙棒，另一个则从袖口中掏出了一把大砍刀。

然而出乎所有人意料的是，一个大桶随着一声巨响落在了甲板上。大桶裂开，一堆腌鳗鱼散落在了甲板的木板上。

警用算法导论：改编你的二分搜索法

节选自 Drecker 教授讲义

在你的职业生涯中，并不是遇到的所有问题都会有现成的答案。的确，学者们积年累月，研究了大量的各式各样的问题，也想出了很多不同的解决办法。但在办案的时候你依然会遇到新的不同的问题。如果你上这门课仅仅是记住了一堆算法的话，你很快就会遇到很大的麻烦。

为了解决这些新问题，你必须理解每个算法背后的原理，从而知道如何去调整它，让它能适用于一个新的问题。二分搜索法背后的基本思想——利用数据中的规律去不断地将搜索的范围减半——远比二分搜索法具体的应用更重要。有了这个基本思想，你可以调整二分搜索法，让它适用于环形的有序数组。你甚至可以用它去找出咖啡的最佳饮用温度——只要不断地根据每次咖啡的冷热情况去尝试不同的温度，直到找到那个刚刚好的温度就好了。

—8—

Socks：一个突如其来的插曲

散落的腌渍和鳗鱼让恶棍们四处散开，一时甲板上一片混乱。很快，第二桶腌鳗鱼也被摔碎在甲板上。这些鳗鱼看起来像 Deepwater Longbacks 品种的，它们的身长足有四英尺，缠绕在一起，看起来恶心极了。三个恶棍在试图从鳗鱼堆里逃跑时，一不小心摔到了地上。

Frank 立刻站了起来，他拉着 Notation 的手臂，把她也拉了起来。

“怎么回事啊？”她大叫道。这时，第三桶腌鳗鱼从他们头上飞过，砸到了船边的栏杆上。

“我也不知道，”Frank 说道，“但现在是逃跑的绝好时机。来，走这边！”

Frank 拉着 Notation，试着避开一路上的鳗鱼和腌渍，向船边的栏杆走去。这时，第四桶腌鳗鱼砸到了甲板上，恶棍们手忙脚乱地躲避着。这时的甲板看起来就像装着奇形怪状灰色面条的碗。

船的一边依稀有一艘看着格外熟悉的小帆船，上面装着更多的腌鳗鱼桶。一个穿着巫师袍的小男孩正在把又一个鳗鱼桶推上一个用木板做成的装置。

“我们应该试着跳过去。”Notation 说道。

“跳？”Frank 看了看那艘小帆船，表示同意。虽然他没能认出那个小男孩，但可想而知，小男孩一定是 Vinettee集团的敌人。除非是正在和 Vinettee集团打仗，否则没有一个正常人会向 Vinettee集团的人丢腌鳗鱼。不过话说回来，用鳗鱼做武器这件事本身已经是相当不正常了。

Notation点了点头，用力翻上了栏杆，犹犹豫豫地跳了过去。Notation从空中滑过，很轻松地就跳到了那艘小帆船的甲板上。

Frank 也翻上了栏杆，低声嘀咕着一堆脏话。再三犹豫后，Frank 跳了过去。然而他在离小帆船两英尺的地方掉进了冰凉的水中。当他浮出水面时，正好看到又一个大桶从头顶飞过。Frank想那个小男孩是不是还在扔鳗鱼，还是换成了别的东西？说不定是芝士？也许吧。

Notation 低下身子，将 Frank 拉上了船。Frank 弯下腰，一边打量着四周的情况，一边试图把自己的衣服拧干。小男孩依然在继续将一个个大桶扔向 Retry Loop号，同时水手们在甲板上快速地奔走着，试图用小木棍将自己的帆船从 Retry Loop 号旁推开。

“Mavis？”Frank 大声叫道，“我就知道你在附近。”

Mavis 从储藏室中走了出来。“他花钱买的这批货物，”她指着小男孩说，“想用什么方式卸掉它们是他的自由。”

“我以为你不能……”

Mavis 挥手制止了他。“我反正正好有笔账要和 Vinettee集团算，”她解释道，“上个月他们刚拖欠了我 17 筐萝卜！”

Frank 不可思议地盯着她。和 Vinettee集团作对是一个危险的勾当，就算欠100筐萝卜也不值得去冒这个险。

“别这样看着我，Frank，”Mavis 说道，“我和他们作对又不是出于善意。很简单，别人花钱雇我来这样干的。Socks 出的价让这一切都很值得。”

“Socks？”Frank 问道。

“Socks？”Notation 也问道。

Mavis 指了指小男孩，耸了耸肩说：“他是这样叫自己的。干我这行的，都不会强行逼问对方的真名。”

“你连他的身份都没去证实就让他上船了？”Notation 问道。Mavis 怀疑地看了她一眼。

现在，Mavis 的船员们已经将 TCP Flyer号船转了一个方向，向海的方向开去了。脏兮兮的帆扬了起来，挡住了 Socks 扔桶的视线。Socks 看了 Retry Loop 号最后一眼，笑了笑，然后终于转向 Frank。

“你好啊，”他异常开心地说道，“我叫 Socks。”他伸出了手。Frank 小心翼翼地和小男孩握了手。

“谢谢你救了我们，Socks，”Notation一边说着，一边也和小男孩握了手，她打量了一下小男孩，随即开门见山地问道，“你真名叫什么，Socks？”

“不好意思，这就是我的真名，”Socks 有些伤心地回复道，“我的全名叫 Socks Repellent，警官。”

“哦……”Notation的声音低了下去，想不到该怎么去安慰小男孩，她重复道，“谢谢你救了我们。”

“随时乐意效劳，”Socks 回复道，“之前我也不知道这招管不管用，不过很高兴它奏效了。”

“你为什么要救我们，Socks？”Frank 问道，“更重要的是，你怎么知道我们需要帮助的？”

“嗯，”Socks 说道，“你看，我已经跟了你们俩一早上了。”

“三比特街上的那条小巷？”Frank 问道。

“是的，”Socks 回复道，不由得脸红了，“还有在停车场 2 号车位的那辆大 Array Cart 后面。”

“这我倒没发现。”Frank 承认道。

“当时从轮子旁边能很清楚地看到他的两只脚。”Notation说道。

“你为什么要跟踪我？”Frank 问道。

“是我们。”Notation 纠正道。

“因为我们在追同一伙人。”Socks 理所当然地说道。

“是吗？”Notation 问道。

“我觉得是，”Socks 说道，但突然变得不确定了，“你们是在调查那几起警察局的偷盗案件，对吧？我昨晚看到 Donovan 警长拜访 Frank 了，所以我想肯定和警察局总部发生的盗窃案有关。”

“几起？”Frank 说道，“发生了不止一起吗？”

“啊！”Socks 说道，“你还不知道啊。不好意思，也许我不应该对你说这些，不过我想这些也都不是秘密了吧。我猜……”

“为什么巫师会对警察局的盗窃案感兴趣？”Frank 打断了他。

“国王叫他们来的。几周前，Fredrick 国王将这个王国里面最德高望重的巫师们都请了过来，让他们调查这些盗窃案。当然了，我是 Gretchen的学徒。现在只是我做这个的第二年，但是……”

“他为什么会请那些德高望重的巫师们？”Frank 再一次打断了

他。他并没有听说过 Gretchen 这个名字。显然，那些更厉害的巫师们正在调查更重要、更紧急的案件。而国王请的这些巫师们所调查的案件并没有重要到需要那些最厉害的巫师们。但是 Frank 不想直接这样质疑小男孩导师的资历——他不想让小男孩尴尬。

“首都警察们有足够的能力去调查这些盗窃案，” Notation 补充道，“这些应该是他们的案子。”

“国王叫这些巫师们来是想问问他们关于面具的事情。想看看他们能不能找到它。” Socks 解释道。

“什么面具？” Notation 问道。

“你连面具都不知道？” Socks 有些慌张地说道，“我的天，看来我真的什么都不该说。”

“什么面具？” Frank低吼了一句。他按了按自己的太阳穴，深呼吸了几下。

“Repellent 先生，” Notation用她作为警察的官腔说道，“我们正在调查一起重要的案件。如果你知道可以帮到我们的信息，你有责任告诉我们。请把你知道的全部告诉我们。”

“从头开始！” Frank补充道。

Socks 花了十分钟，事无巨细地讲完了他的故事。一个月以来，一堆毫无联系的物品接连从一个个理应相当安全的地方失窃。丢失的物品中最让人不安的便是一个十分危险的魔法神器——一个魔法面具。这个面具是在护送它的军队的眼皮底下被偷走的。当被追问这个面具的作用是什么，以及为什么它会需要一支军队去护送的时候，Socks 只是不断地重复说“它的力量十分十分强大”。Socks 声音中透露出的对面具的敬畏让 Frank 不禁有些紧张。

“你是不是觉得这起盗窃案跟警察局的那起有关？” Notation 问道。

“Gretchen 这么认为，” Socks 回答道，“在这些盗窃案中，警卫们都完全不知道有东西被偷走了。他们到了第二天才意识到。她认为盗贼可能用了记忆魔咒或者催眠术。”

“我可没睡着！”Notation说道，语气严厉，把Frank都吓得站远了一点。

“我……我不是这个意思。”Socks结结巴巴地说道。

Frank没有理他，继续思考着Socks刚刚讲的故事。有些东西不太对劲。“为什么要跟踪我们？”他终于想到是什么不太对劲，向Socks问道，“你在受国王指派调查这些盗窃案对吧？你明明可以直接走上前来跟我们介绍自己。”

“是！但是……”Socks的声音慢慢弱了下来。

“但是什么？”Frank问道。

“我不确定值不值得去跟你们说。”Socks承认道。

Frank盯着Socks，直到他继续说。“我不确定你们是否能找到任何有价值的东西，”Socks解释道，“一旦我介绍了自己，我就必须跟着你们一起，去帮你们，对吧？我不想把我自己限制住了。说不定我自己能找到一条更好的线索呢？对不起。”小男孩低声说道。

大家都陷入了沉思。船员们依然在他们四周跑动着，维持着船的正常运转。在Frank看来，他们主要做的事情便是拉动绳子。

“所以……现在怎么办？”Socks问道。

“我们追寻线索。”Frank说道。

“我们在Retry Loops的航海日志中找到了两个可疑的港口，”Notation解释道，“我们接下来就要去调查这些港口。从Mudwall港开始。事实上，我应该跟船长说一声，我们需要借用她的船。”

Frank笑道：“看你怎么跟Mavis解释。”

“没必要，”Socks匆忙地说道，“我已经交了这艘船的租金，你只需要告诉Mavis该去哪里就行了。”

“太好了！”Notation说道。

“所以你跟我们一起，对吧？”Frank问道，毫不掩饰自己语气中的不乐意。

“当然，”Socks 说道，“我付了这艘船的租金，我也救了你们，况且看起来在这些人里面我是对案子了解最多的，我还是一个巫师学徒，我的巫术说不定什么时候就能派上用场。”他的语气随着他一个个罗列着自己应该一起去的原因而变得越来越急切。

“Repellent 先生，我们很感激你提供的帮助。”Notation 对他说道，“不是吗，Frank？”

“是，很好。”Frank 低声说道。这下，他又摊上了一个他并不信任的跟班。照这样下去，不久他就能凑满一艘船人了。

— 9 —

倒退一步，继续搜索

Mudwall这个港口的名字听起来相当不起眼，然而实地看到的时候，甚至比它的名字还要让人失望。其实它根本算不上是一个港口。摇摇晃晃的船坞只能勉强容得下两艘中等大小的船。而 Mudwall原本准备建成的一堵两英尺高的城墙，更是从来就没有建成过。整座城的周围只有小半段散落着的两英尺高的土堆。

Frank 踏过土堆，来到了城里的商店。Notation 和 Socks 紧跟在他身后。

店主看到他们的到来，惊喜万分，急切地走向他们。在经过柜台的时候，他却不慎将一摞画着胡萝卜的游客手册撞到了地上。

“你好！”店主以几乎要叫出来的声音说道，“欢迎来到 Mudwall，著名的土萝卜农场之乡。你们需要点什么？食物？补给品？萝卜？萝卜味蛋糕？我们还有特别好吃的胡萝卜派。”

“信息。”Frank 说道。

店主的脸沉了下去。“哦，”他说，“那看来你们不是来参加萝卜节的了？”

“萝卜节？”Notation 问道。

店主点了点头："再过两天就是第50届萝卜节了。"

"会有很多人来看吗？"Notation 问道。

"最近没那么多，"店主承认道，"Mudwall 不像过去那样对游客有吸引力了。自从 G'Raph 开始办他们自己的土萝卜节后，人们就都去那里看了。"

Notation 和 Socks 对望了一眼。Socks 用唇语说道："土萝卜是什么？"Notation 耸了耸肩。

"你知道关于前两天经过这里的一艘船的信息吗？"Frank 问道。

"什么船？"店主问道，"这里几个月都没有船经过了。倒是有几个驴车从公路上经过，但没有过船。"

"你确定吗？"Notation 说道，"我们在执行公务，你最好告诉我们关于最近从这经过的船的所有信息。"

"如果有船经过的话，我想我会知道的，"店主说道，"从我的窗户正好可以看到船坞。就算我没有亲眼看到，也会听别人说过。现在这里都没什么船经过了。要是有船经过的话，萝卜之声——我们这里的一个三人乐团——会去演奏迎接他们的。所以要是有船经过的话我肯定会听说。"

Notation 似乎准备开始新一轮的提问，但 Frank 插话道："谢谢了，先生。麻烦了。"

紧接着，Frank 带着 Notation 和 Socks 走出了商店，回到了泥泞的街上。

"你觉得他说的是真话吗？"Notation 问道。

Frank 点了点头，来回巡视着这条街。"我们提到船的时候，他看起来真的很惊讶。"他说，"但再多打听一下，总没有坏处。"

他们又问了十几个小镇上的居民同样的问题，而这几乎是小镇上一半的人了，结果让他们彻底死心。没有人看到过任何船经过，也没有人听说过有任何船经过，甚至都没有人想过会有船经过。很明显，这座港口城市已经很久没有被船造访过了。

“也许那艘船是晚上来的。”当他们走回 TCP Flyer 号的时候，Notation 说道，“也许他们派了一小队人划小船上岸，把文件交给了在这里等着的人，然后就离开了。”Notation 边说边指向船坞上一块毫不起眼的木板。

“有可能，”Frank 说道，“不过这都没用。没有证人，就没有线索。”

“你是什么意思？我们找不到他们了？调查就到此为止了？”Socks 问道。

Frank 笑了笑说：“当然不是，年轻人。调查案子总会遇到走不通的死路，所以我们才会用一种支持倒退的搜索算法。”

Socks 眼神空洞地看着 Frank。看到 Socks 并没有理解自己在说什么，Frank 补充道：“我们沿着最有可能找到答案的路一直往下走，但如果遇到死路，就倒退一步，换一条之前没有走过的路继续调查。”

“所以你还有其他线索?”Socks 问道。

“有一些吧。”Frank 承认道。

“那我们倒退一步，考虑一下以前没有走过的路。”Notation 沉思道，“之前我们找到的航海日志上，还列了另一个地方：Frayed Cable岛。”

Frank 点了点头，开始回忆他们还有哪些线索没有用过。之前那个资格最老的恶棍提到过一个叫什么联盟的地名。这样看来，Frank 现在还没用过的线索有：

Frayed Cable 岛
Array Cart上的线头
Vinettes
联盟?

倒退一步的话，便是回到那本航海日志，以及上面写着的他们还没有去过的 Frayed Cable岛。要是他们在那个岛上也找不到任何线索的话，就只能去追查 Array Cart 上的线头，或者那些希望更渺茫的线索了。

“所以案子还没有结束，你还有其他线索对吧？”在 TCP Flyer 号开往 Frayed Cable 岛的一路上，Socks 至少问了十次这句话。

“在调查中遇到死路后倒退一步是家常便饭。”Notation 再一次告诉 Socks 不必担心，“难道你们这行在做事的时候从来不需要倒退一步吗？比如做药水的时候？”

Socks 看起来十分惊讶：“做药水的时候怎么倒退一步啊？你又不能把加进去的蜘蛛腿给去除掉，也不能让药水回到搅拌前的样子。”

“我是说在你研究药水配方的时候，就像你加入蜘蛛腿后，如果发现它破坏了药水的魔性或者发生了什么其他问题，你可以在配方上去掉蜘蛛腿，再尝试一种新的配方，对吧？每一个药水配方才是你搜索空间中的一个状态，而对你来说，倒退一步，便是退回之前成功过的其他配方。”

“哦，”Socks说道，“你是说改良配方的过程啊。当你研究药水配方的时候，总会需要不断地改进它。就像走完一条弯弯曲曲的路，才能找到你要的配方。没有人可以第一次就把所有东西给弄对。”

“就是这样。我们说的是一回事。”Notation 说道。

Mavis 也加入他们的谈话中，说道：“就好比你在一个洞穴里面找一堆丢了的东西。你会沿着一条路找，在发现那条路上没有任何有价值的东西时，就会倒退一步，换其他的路继续找。”

“是的，”Notation 犹豫地点了点头，“搜索中的倒退就像在洞穴里找东西一样。不过……”

“说到搜索，我们已经到地方了，”Mavis 插话道，“Frayed Cable 岛没有船坞，我们只能把 TCP Flyer号停在这里。你们划船走剩下的路吧。”

警用算法导论：倒退一步

节选自 Drecker 教授讲义

几乎在调查所有案子的过程中，都会需要倒退。即使是最厉害的警察也没有办法从头到尾一步到位。在办案的过程中会遇到很多没用的误导人的信息，以及有歧义的线索，不仅如此，人自己也会犯错。所以在遇到死路时一定要学会如何倒退。简单地说，就是倒退一步，退回到之前一步的状态，然后选择另一条不同的路继续搜索下去。

对于目前所看到的算法，我们都可以高效地从任意一个状态跳到另一个状态。比如说，在一个数组里面，我们可以很容易地通过序号来查看任何一个地方存放的数字。而在宾馆的走廊里，我们也可以在各个房间之间任意跑动。这种灵活性让我们的算法可以很高效。

但是也有很多搜索问题会限制你只能以特定的方式从一个状态跳到另一个状态。比如，在现实生活中的一个城堡里进行搜索时，你不能从一个房间直接跳到另一个房间。要想到另一个房间，你得先经过走廊和一些其他的房间。而在计算机领域内，一些数据结构（比如图和链表）也会做一些类似的限制。

即使可以在状态间自由跳转，你也可以把倒退这个操作想象成是在你之前走过的路上寻找新的没有走过的路。在算法世界中，退回之前的状态比在现实生活中走回之前来的地方要省力得多。但是这两者在本质上是类似的：你退回一步，然后选一条新的路继续搜索下去。

在接下来的讲座中，我们会看到很多搜索算法遇到死路时倒退的例子。而一旦你正式成为一名警察，你在工作中会遇到的死路将比你想象的要多得多。

— 10 —

用广度优先搜索去开锁

Frank、Socks和警官Notation现在正围在监狱外墙的后门边。尽管铁门上锈迹斑斑，但在 Frank 用力踢了两脚后，铁门依然完好无损。只不过这两脚让铁门上的铁锈粉末和灰尘全都扬到了空中。而 Frank 在整个过程中一如既往地骂骂咧咧，这让站在一旁的 Notation 学会了至少六个新的用 Boolean 来骂人的词汇。

“所以……看来这样行不通。” Socks 说道。Frank 无视了他，开始研究门锁的结构。这是一种很常见的密码锁，第一行上放着 1、2、3、A、B、C共六个按钮，而第二行则放着一个“确认”按钮。

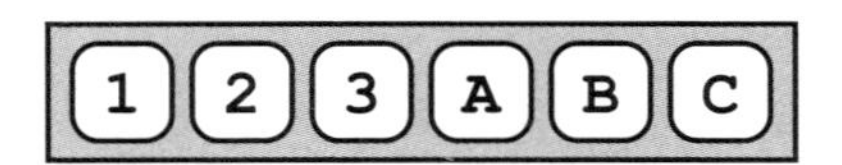

“看来我们得用老办法了。” Frank 说道。

“我们的老办法不就是踢门吗？” Notation 说道。

Frank 同样无视了 Notation，“Socks，你知道任何开锁的咒语吗？”

“当然不知道，” Socks 大声回答道，“那些咒语是违法的！”

“那有没有可以削弱这个锁的咒语？让锁链变脆弱点的？”Frank 接着问道。

“你想让我帮助你破坏别人的财产？”Socks 看起来吓坏了，“这比开锁还要糟糕。你知道这会让我惹上多大的麻烦吗？”

“搜索咒语呢？完全组合咒语？或者广度优先搜索咒语？”Notation 插话道。她不想再听 Socks 谈论咒语合法与非法的话题了，在之前 Frank 问 Socks 能不能用魔法复制一枚金币时，Socks 已经说得够多了。当然，她和 Socks 都觉得用魔法复制金币这个事情是不道德的。

“我用过几次广度优先搜索咒语，”Socks 回答道，“我真正擅长的是二叉搜索树，不过我对很大一部分计算用的方法都很熟悉。曾经有一次……”

“广度优先搜索算法对这个锁会有用吗？”Frank 打断道。多年来，Frank 在办案中和很多巫师都合作过。其中既有声名远扬的大牌巫师，也有相对不那么出名的巫师。他至少已经见识过十多种用来开锁的咒语了，不过还从来没有遇到过用广度优先搜索咒语真正把锁打开的。

Notation 笑着说："肯定有用！听起来有点抽象，不过我最近在警用算法课上见过一个类似的问题。你仔细想想看，其实开密码锁就是一个搜索问题。你需要输入一串字符去打开锁，而搜索空间就是所有可以用那些字符组成的字符串。每一个这样的字符串，从只有一个字符的，比如 A 和 1，到那些复杂的字符串，比如 ABC123CBA321，都是一个有效的选项。而我们的搜索目标就是那个可以打开锁的字符串。"

"不过我们都不知道这个密码里有多少个字符，"Socks 说道，"有可能这个锁的密码有 30 位那么长。"

"所以她才会建议用广度优先搜索。"Frank 说道，边回答 Socks 的问题边思考着。

"我不明白。"Socks 说。

Notation 紧接着解释道："你看，广度优先搜索从一个起点开始，慢慢沿着一个边界推进，所以理所当然地它就会由短到长地尝试所有可能的字符串。"

"啊？"Socks 说道，看起来 Socks 已经困惑得有些惊慌失措了，"我以为广度优先搜索是用一个魔法表，我从来都只用一个魔法表，难道它不是用一个魔法表来搜索的吗？"

"是的，"Notation 说道，"广度优先搜索会记录下包含所有接下来需要尝试的选项的列表。整个算法说到底就是一个不停在执行的循环。每次循环时，这个算法都会从那个选项列表最前面拿出选项去尝试，同时将新的选项加到列表后面。每一次循环执行的时候，我们都会选出列表第一个可能的选项。如果它并不是我们的搜索目标，我们就将所有由它可以演变成的之前还没有尝试过的选项都加到列表最后。

"整个搜索过程从一个起始点开始。在我们现在这个情况下，这个起始点就是一个空密码字符串。而我们每尝试一个密码，都会将所有由这个密码可以演变的其他密码加到列表最后。具体来说，在每次尝试一个密码之后，我们都会尝试在这个密码后面再加上一个字符。举个例子，我们现在知道这个密码锁的密码只会包含 1、2、3、A、B、C这六个字符，所以在我们尝试过 3A 之后，就需要将 3A1、3A2、3A3、3AA、3AB、3AC 加到我们列表的最后。”

Socks 聚精会神地思考着，随后问道：“我们怎么知道之后应该加哪些选项呢？”

“把它想象成一棵由所有可能选项组成的树，”Notation 说道，“树的每一个分枝，即节点就是我们列表中的一个可能的密码，比如 3A。而由这个分叉点分出去的那些节点就是由这个密码再加上一位可以得到的新的可能字符。而广度优先搜索就是在搜索完树的一层后再开始搜索下一层的。”

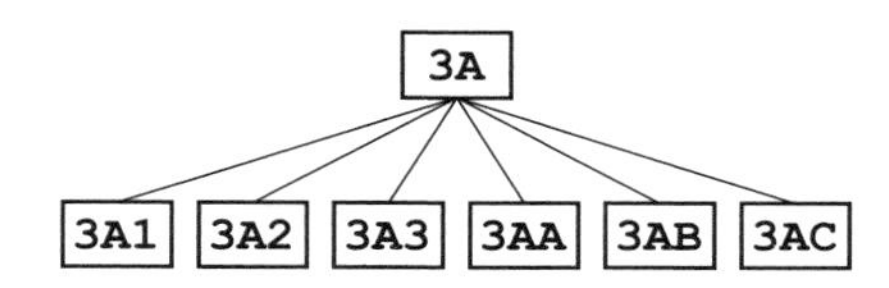

“因为我们把那些新生成的更长的密码加到了列表的最后，所以我们会优先尝试所有短密码。”Frank 突然补充道，“所以，你能做到这些吗？”

“这恐怕不合适吧……”Socks 回应道。

“拜托！有没有搞错啊。”Frank 打断道。

“这不就相当于一个开锁的咒语嘛！”Socks 说道。

“对。一点儿不错！”Frank 大声叫道。

“算了，别管了。”Notation 说道，她用力地甩了甩手臂以表示自己的无奈，“要是他不想用咒语开锁的话，我们对他大喊大叫也没用。”她转过身，仔细地研究着那至少有十英尺高的石墙。过了一会儿，她对 Frank 说道：“Frank，要是你抬我一下的话，我也许可以爬过去。”

Frank 用怀疑的眼光看了看那堵石墙。和大多数城堡的石墙不同，这堵墙虽然已经废弃多年，但并没有出现可以帮助人攀爬的大的裂口和青藤。这做工简直值得赞叹。从城墙顶上那错落有致的精致的尖刺可以看出，建这堵墙的人一定也对自己的作品相当满意。

“也许吧。不过这堵墙真的挺高的，而且那些尖刺看起来也相当锋利。”Frank 说道。

“其实这和在警察学校学过的避开障碍那个项目没什么区别，”Notation 说道，“只不过这里的地面是硬的，没有手可以抓住的地方，还有那些尖刺。”

“有了这些更刺激吧。”Frank 说道。

“Frank，你快闭嘴，来抬我一下。”

“算了，算了，还是我来开锁吧，”Socks 急切地说道，“我就用广度优先搜索咒语。不过我需要一个东西来写那个列表，你们有一卷羊皮纸吗？”

Frank 和 Notation 对望了一眼，说道：“没有，就在地上写吧，反正足够泥泞，可以看清楚了。

“哦，那好吧。”

几分钟后，门上的锁开始发光。“开始了！”Socks 说道。

门上的“确认”按钮短暂地闪了一下，紧接着发出了一声短暂的咔嚓声。不过门依然是锁着的。咒语刚刚尝试了第一个可能的密码——空密码。紧接着，泥泞的地面上出现了一列字母和数字：

1，2，3，A，B，C

Frank 在头脑中想象了一下这个选项列表所对应的搜索树：

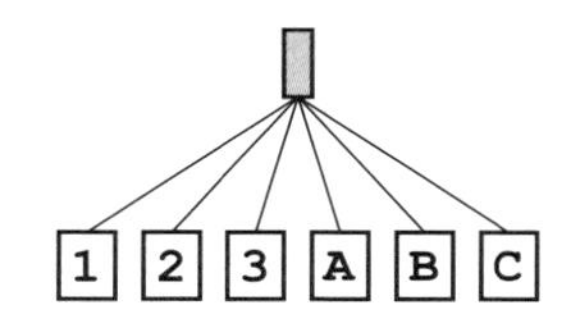

数字 1 随即亮了起来，随后“确认”按钮也亮了起来。再一次，门发出了咔嚓一声，但依然是锁着的。地上的列表再一次变了，这次加入了搜索树第三层的一些可能的密码：

2，3，A，B，C

11，12，13，1A，1B，1C

但这些新的可能密码被加到了列表的最后，而搜索算法本身依然还在继续尝试第二层剩下的密码。

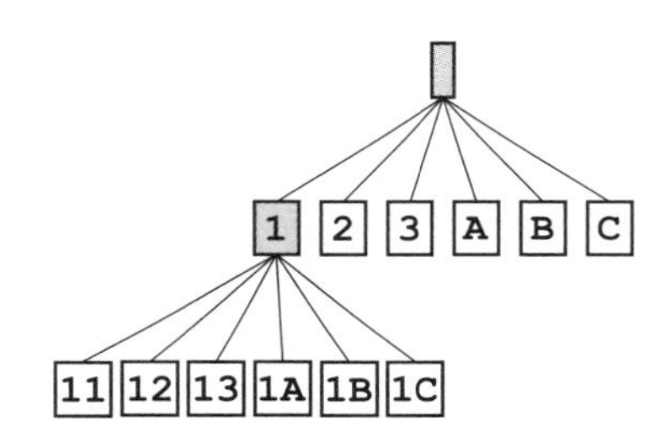

密码 2 也不对，列表再一次变长了：

3，A，B，C

11，12，13，1A，1B，1C

21，22，23，2A，2B，2C

再一次，搜索树的最后一层延伸出了新的可能性。但搜索算法本身依然停留在第二层继续尝试，在尝试完所有一位的密码后才会进入搜索树的下一层。

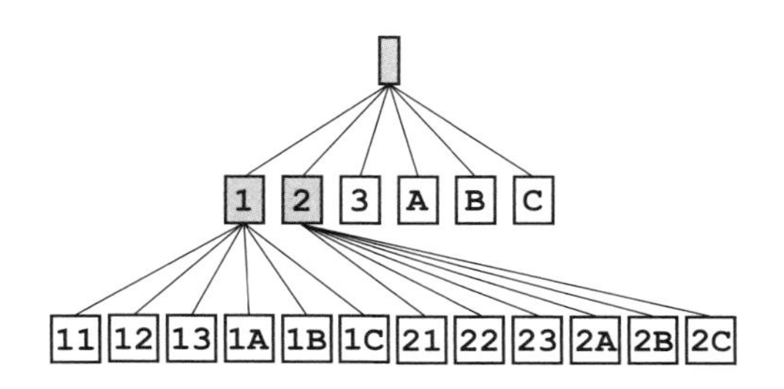

换句话说，搜索算法在尝试完当前层的所有可能密码后，才会进入下一层。

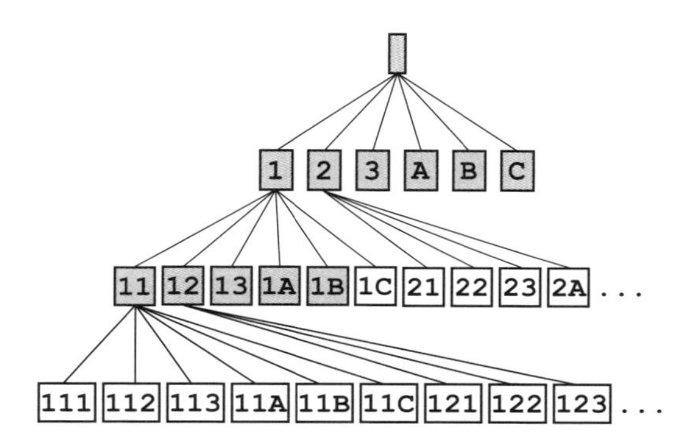

搜索算法又尝试了 3、A、B、C 这四个可能性，完成了整个搜索树第二层的尝试。Socks 这时说道：“这估计得花上一段时间了。”

Frank 点了点头，眼睛一动不动地盯着地上不断变长的数字列表。“Notation，不如你去前面侦查一下吧？”

“好的，”她同意道，眼神中透出明显的解脱。新手警察一般都不善于长时间的等待，毕竟警察学院也没有办法教你如何一动不动地坐上几个小时。不过话说回来，听学院里 Cloud 教授的执法课其实也跟干坐着差不多无聊了。

Notation 走后五分钟，锁发出了一声响亮的咔嚓声。随后，锈迹斑斑的大门随着巨大的噪声慢慢地打开了。随着搜索算法顺利完成，地上写着的列表也渐渐消失了。

“1111。”Frank 说道，他看起来一点儿都不惊讶。毕竟密码必须设置得足够简单，那些小喽啰们才能记住。

他用棍子把密码写在了地上的一块泥土上，又围着它画了两个圈。再怎么新手的警察也应该能看得出来这是留给她的消息吧。接着，他转向 Socks，说道：“我们走吧。”

警用算法导论：广度优先搜索

节选自 Drecker 教授讲义

广度优先搜索是一个按顺序依次尝试可能的搜索选项的算法。换句话说，它每次都会选择尝试最先发现的但还没有尝试过的选项。

你可以想象一个列表（更具体地说，是一个*队列*），上面存着所有已知的但还没有尝试过的状态（选项）。每一步，算法都会选择从当前队列的第一个状态开始进行尝试。当发现新的可能性时，就将其加到队列的最后，以确保算法在尝试完所有先前已经发现的可能状态后才会去尝试这个新发现的状态。

让我们想象一下广度优先搜索算法是怎么搜索一个图的。图是一种由*点*和*边*组成的数据结构。如果两个点由一条边相连，那么我们就可以说这两个点是*相邻*的。在警用算法课上你已经见识过一个图：Kingdom Highway Map。这个图里的每个点代表一个城市，而每条边代表一条连接两个城市的高速公路。罪犯们一般都倾向于逃离他们所在城市，而你则需要找出他们最可能逃到哪些相邻的城市。

搜索 Kingdom Highway Map 是一个经典的图上搜索问题。我们搜索的状态是图上的点，也就是地图上的城市。假设现在有人在 A 城市犯了罪，而你的目标是找到罪犯在哪。

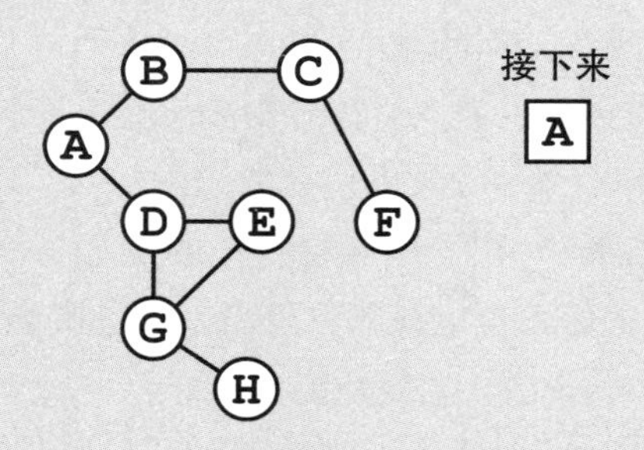

广度优先搜索会沿着一个不断延伸的边界展开。这个算法会先检查所有离起点 X 步的点，然后才会继续检查离起点 $X+1$ 步的点。在你检查完 A 城市后，它的两个相邻城市 B 和 D 会被加到队列的最后。此时的队列中没有别的之前就存在的城市了，所以接下来算法会检查 B 城市。

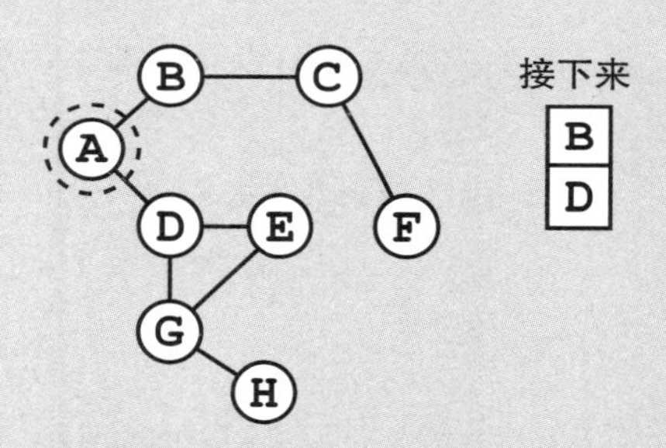

如果每个点都有很多相邻的点的话，维护这个队列就会占用大量的内存空间。在搜索一个大规模的问题时，这个内存需求会变得相当巨大。这时，作为警官的你就会打算多买一些质量好的笔记本。

在广度优先搜索的每一步中，我们都需要先看看当前的点是不是我们的最终目标。在这个具体的例子中，我们需要把当前点对应的城市仔细搜查一遍，看看罪犯是不是藏在这个城市中。如果当前点还不是我们想找的目标，就把与它相邻的点中还未被检查过的点（也就是我们之前从来没有加到列表中的点）加到列表中。如此一来，我们可以避免重复添加已经检查过的点，以及虽然还未检查过但已经存在于列表里的点。在这个具体的例子中，检查过城市 B 后，我们将不会重复添加城市 A（虽然它和城市 B 是相邻的，但我们已经检查过它了）。

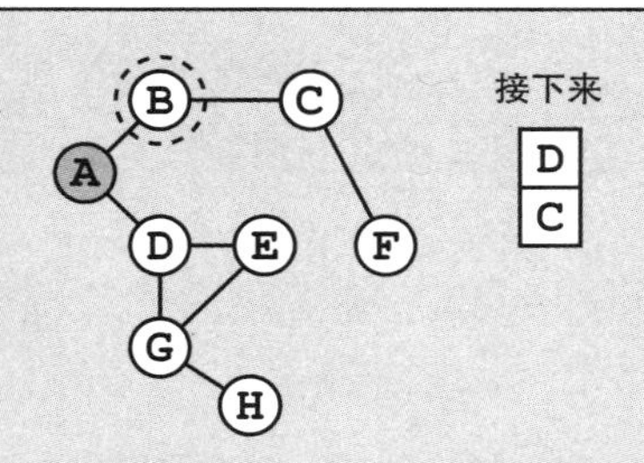

请注意，如果我们想要检查一个点之前是否已经被添加过，将需要更多的内存，因为我们需要记录下所有已经加入过列表中的点。不过这样做会给我们带来巨大的好处——可以避免重复多次检查同一个点。重申一遍，仔细地记录下已经检查过的点会给你带来巨大的好处。

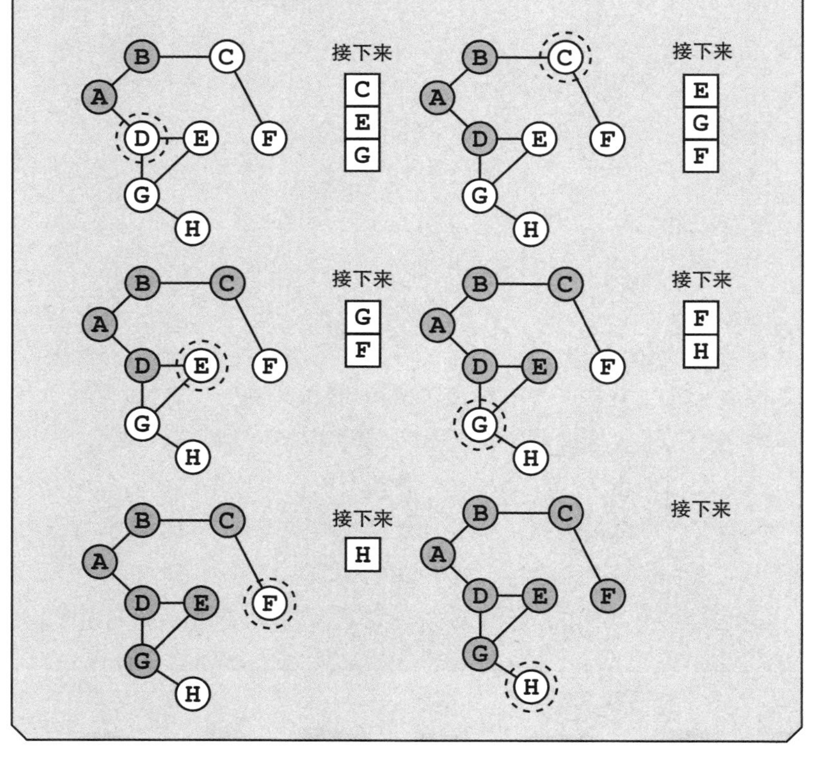

在这个具体的例子中，我们在城市 H 找到了要找的罪犯。至此我们可以在城市 H 逮捕他，结束搜索。

在搜索问题中，如果在任意相邻的两个点之间移动的代价（例如所需的时间、体力等）是相等的，那么广度优先搜索可以保证找到一条付出代价最小的路径。这是因为它在检查完所有距离起点离 X 步的点后，才会开始检查那些更远的点，例如距离起点离 $X+1$ 步的点。

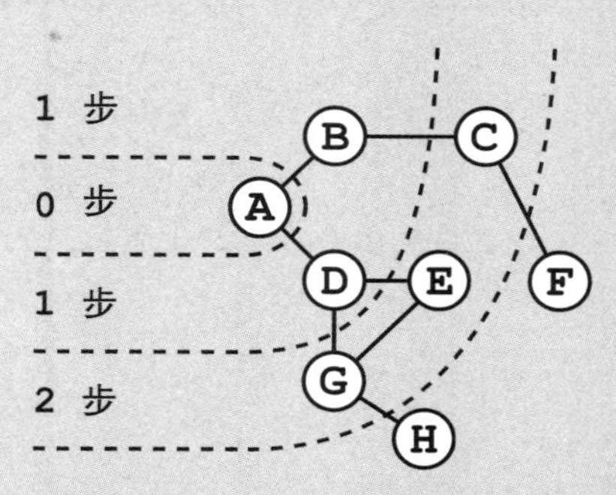

如果对于每个点都记录下它是由哪个点走过来的，我们就可以很容易地追溯到这条最短路径。我们只要从终点开始，不断地回溯它之前的一个点，直到回溯到起点就好了。

不过，值得注意的是，广度优先搜索只有在相邻点之间移动的代价都一样时才会给出最优的方案。一般来说，找出两点之间步数最少的路径和找出两点之间付出代价最小的路径是不一样的。举个例子，如果一群远足者想要尽量节省体力的话，他们会宁愿走一条相对较长但可以避开山路的路，即使穿山而过的路程更短，也更有观光价值，但走山路无疑会耗费更多的体力。

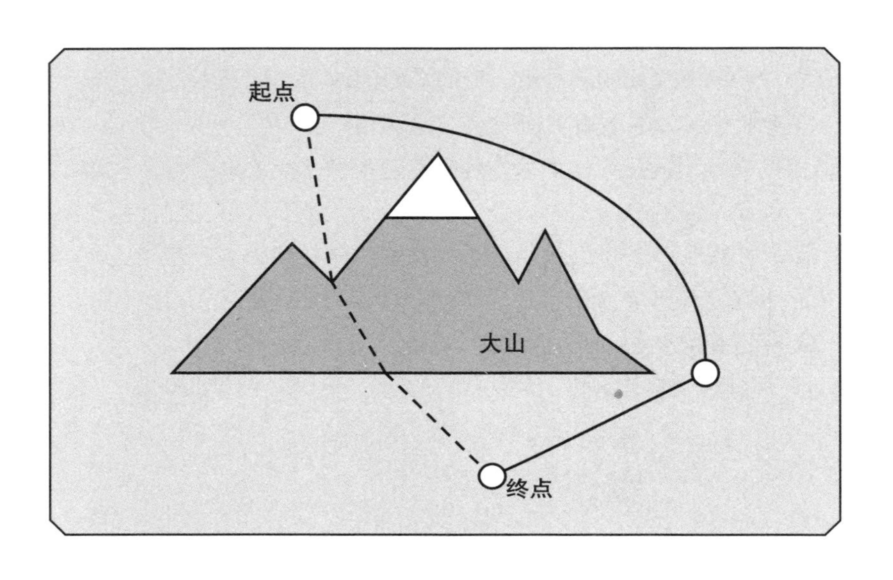
起点
大山
终点

— 11 —

废弃监狱中的深度优先搜索

进了监狱，刚走了两步，Frank 就意识到他们走进了一个迷宫。曾几何时，这些计算型监狱几乎都不需要警卫了，而是完全依靠自身结构的复杂与怪异去关住里面的犯人。那些想逃跑的犯人在付诸行动前都会三思，他们甚至不知道溜过面前的这扇门后，等待着自己的会是自由，还是警卫的休息室。

“来点光吧？”Frank 提议道。

“哦，对哦！”Socks 回应道。他低声念了一个咒语，一团蓝色的光从他法杖的一端亮了起来，照亮了他们所在的毫不起眼的房间。

房间是正方形的，四周是粗糙的石墙和几扇栎树木做的房门。环顾四周后，Frank 愈发确信了自己的猜想：整个监狱是由很多网格状排列的房间组成的，而每间房内的一些墙上则有通向相邻房间的门。他们需要一间一间地找。但由于他们并不知道哪些房间之间门相连，所以他们必须得走一步看一步地搜索下去。

“看来是时候再进行一次搜索了。”Frank 说道。

“搜索？”Socks 问道，“搜索什么？”

“当然是那些纸了。”Frank回答道。他确信那些纸一定是被藏在了这里。相比一般人用的仓库，一座废弃的监狱毫无疑问是藏偷来物品更好的场所。当然，如果能找得到一座有护城河的城堡的话，那可能会更理想一点。现在的问题就是他们能否在这里找到那些纸，以及找到之后能不能从中得到任何有用的线索。

“千万别再来个广度优先搜索了。”Socks 抗议道。

Frank 考虑了一番。理论上，在一个网格状的监狱里用广度优先搜索没什么问题。每一个格子便是一个搜索状态，而每当你探索过一个格子后，就可以把与之相邻的尚未被探索的格子加到你的搜索列表中。Frank 在头脑中想象出了整个搜索过程，就像水面上的水波逐步扩散的过程。

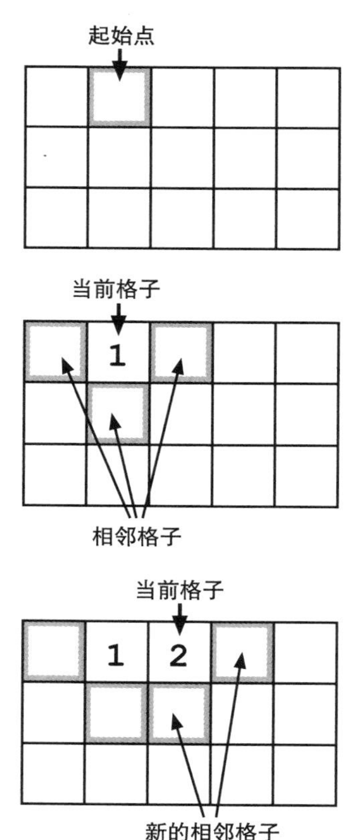

不过，如果把广度优先搜索用在现实生活中，比如在一栋建筑物里搜索，就会有一个很严重的问题，那就是会引起大量的倒退。由于每次都是将新的搜索状态加到列表的最后，所以需要探索的下一个状态可能离你特别远。即使在一个没有墙阻挡的空网格上，你也需要经过相当长的一段距离才能抵达下一个状态。

当前格子　　下一个格子

4	1	2	5	
8	3	6		
	7			

而 Frank 正是不想走这样没有用的路。

“不，”Frank 说道，“需要太多次倒退了，我们最好用深度优先搜索。”

“深度优先搜索，深度优先搜索，”Socks 不断地对自己重复着这个词，像是在试图把它印在脑中似的，“我好像不记得……”

Frank 对他挥了挥手，自信地向走廊深处走去。他说道：“我们不需要用咒语来做这个。当你还是用纸尿裤的婴儿时我就已经在做这套深度优先搜索了。”

“所以用深度优先搜索不需要倒退？”Socks 问道。

“绝大多数搜索算法都会需要倒退，不过深度优先搜索中的倒退更适合人来走。”

“哦，我明白了。”

“不，你并不明白，”Frank 毫不留情地说道，“如果你不懂这个算法的话，问就是了，不懂装懂只会给你自己带来麻烦。我见识过太多新手警察在搜索上栽跟头，和你一样的新手。”

“好吧。那什么是深度优先搜索？”Socks 问道。

“它是一个很简单的算法，”Frank解释道，“简单来说，我们就是沿着每条路往深处走，直到遇到一条死路。而在遇到死路后，我们就倒退一步，找到我们还没有走过的另一条路走下去。如此反复，直到找到我们的目标为止。

“现在我们就按顺时针的顺序开始吧。当我们有多个选择时，我们就按北→东→南→西的顺序来走，当然我们需要跳过之前已经走过的路。在每一个路口我们都按同样的顺序来选择方向，所以我们在能够向北走的时候总会优先向北走。不过现在，我们只有一个选择，那就是往南走。”

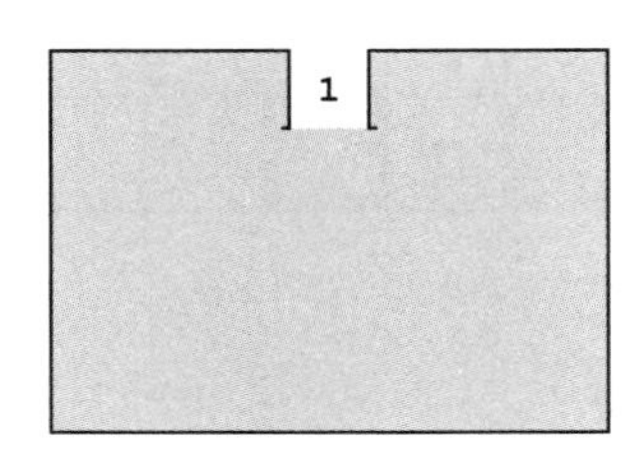

Frank 正说着，他们就走到了第一个需要做决定的房间。Frank 思考了一下他们可以走的方向：由于他们是从北边来的，不能往回走，所以Frank 选择了顺时针顺序中的下一个方向：东边。在走出这间房之前，Frank 从口袋中拿出了一支粉笔，在墙上做了一个记号。

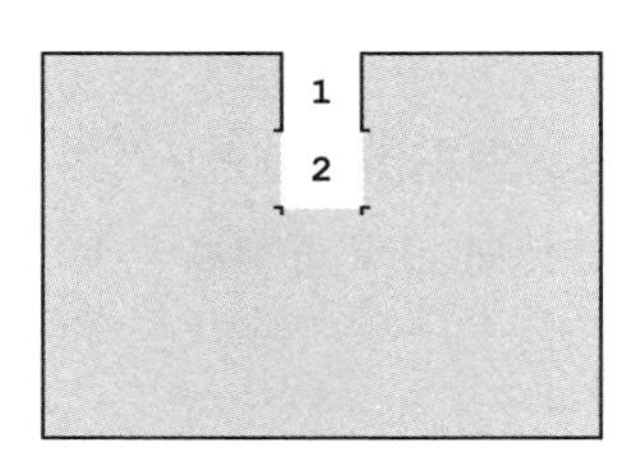

又经过了两个分叉口，向北又向东之后，他们遇到了第一条死路。到目前为止，他们走过的房间要么是完全空着的，要么只有一个监牢。由于没有任何其他可以用来分辨房间的特征，Frank 在每个房间的墙上都写上了一个不同的数字。而在Frank的头脑中，他已经将这些数字与它们所在房间里面霉菌的形状联系在了一起。

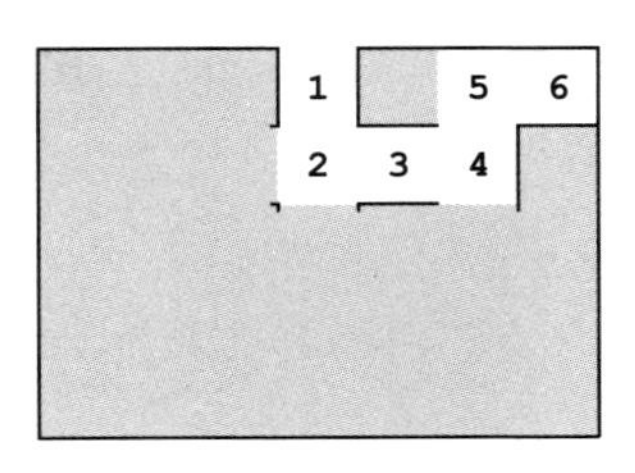

“现在我们退回上一个经过的房间，5号房间，那里面的霉菌形状像马一样。”当他们倒退回去的时候，Frank 这样解释道。这次，他们选择了5号房间内唯一还没走过的方向——西边。不幸的是，他们立刻就遇到了另一条死路——一个空房间，里面有一堆像花一样的蓝色和绿色绒毛状霉菌。

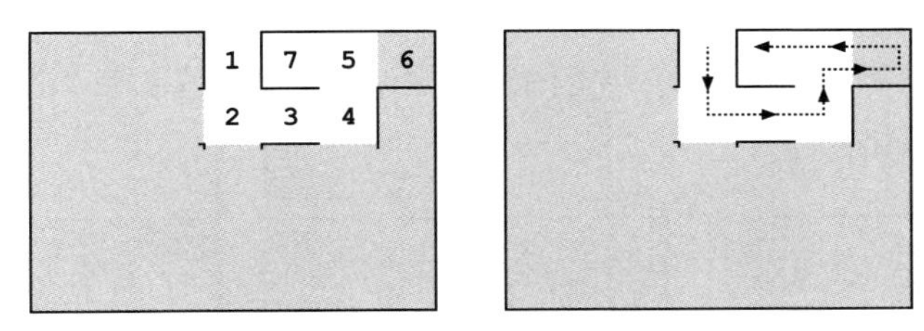

由于刚刚经过的房间的所有选项都已经尝试过了，他们继续倒退，回到了4号房间。4号房间的东边是死路，而北边他们已经走过了，于是这次他们走了南边。

他们走过了8号和9号两个空房间。这两个房间唯一的区别就是有一个房间里面有一大团像钟乳石一般的霉菌。Frank和Socks走过的时候，都下意识地和那团霉菌保持着距离，因为那团霉菌看起来随时都会坍塌。在又一次遇到死路后，他们只能连续倒退到2号房间。

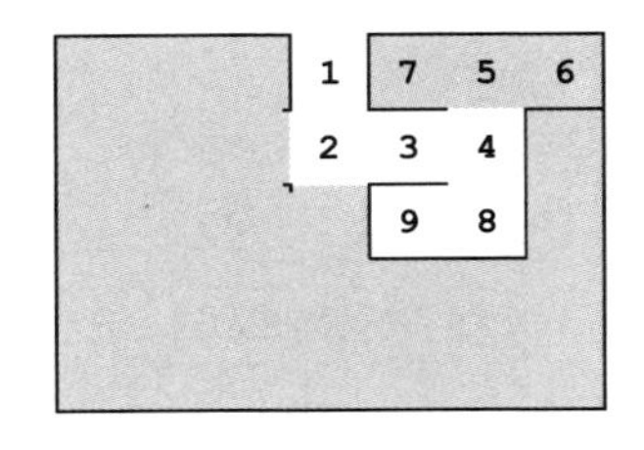

“我们会不会已经走过了？”Socks 问道，他一如既往地忧心忡忡，“或者会不会我们迷失在一个环中了？会这样一直无限地走下去？”

Frank 哼了一声：“年轻人，这不是我第一次做深度优先搜索了，跟着我做就没错的。”

“但不会有环吗？”

“你想想我为什么要在墙上做记号？”Frank 问道，“如果我们不重复经过已经做过记号的墙上的门，我们就不会困在环中。”

Frank 是在一次警用算法课的练习中学会这样做的。在那次练习中，Frank 在全班的注视下绕着竹篱做的迷宫内的一个环走了六次。旁观的一个同学甚至大声开玩笑说：“看，他又走了一次！”

他们继续沿着一条曲折的路线向迷宫深处探索，时不时在遇到死路时倒退几步。

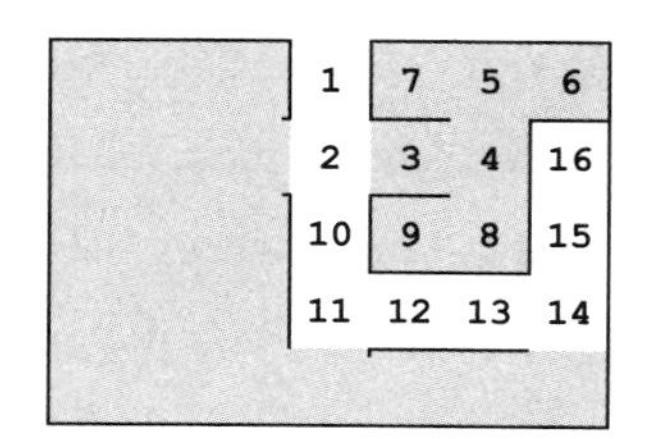

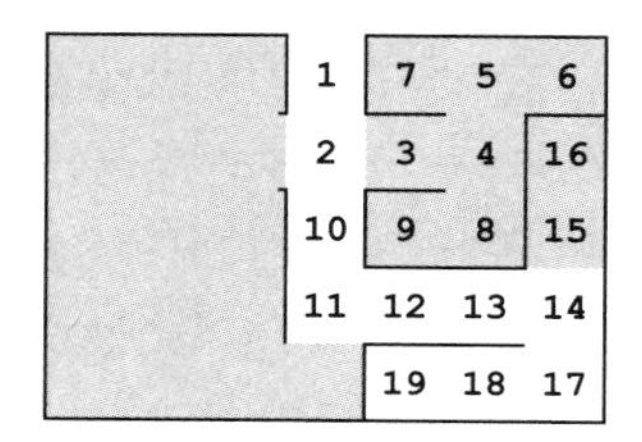

然后，他们在23号房间里找到了一个装着羊皮纸和一堆笔记本的盒子。

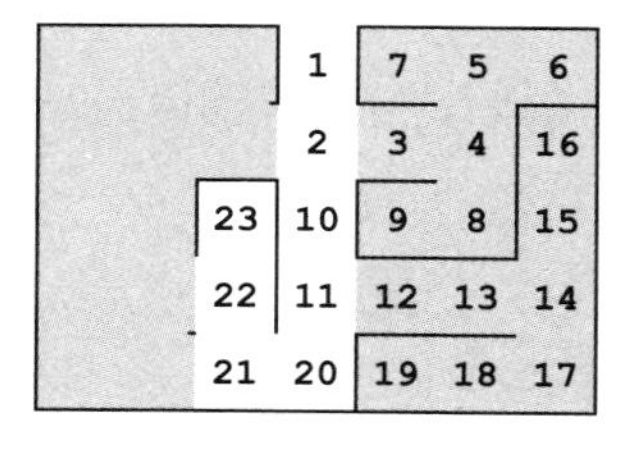

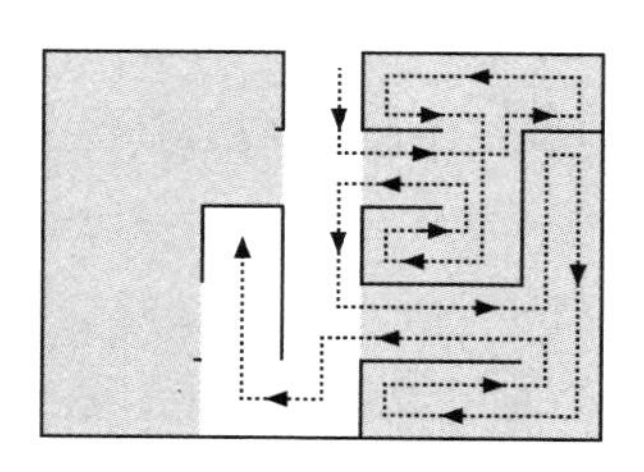

“我们找到了！”Socks 激动地说道。一不小心，他的法杖底端射出了一道闪烁的蓝光。

Frank 被这堆纸的数量吓了一跳。在警察局这么多年来，Frank 在长官的要求下处理过的公文数量繁多，不过那些和眼前的这些纸比起来根本不算什么。而且最下面的几张纸上还有霉菌的印记。整件事都不太对劲。

Frank 走向离他最近的一堆羊皮纸，从中拿出了一张。纸上的标题是《关于鸭圈栏杆正确使用方法的公告》。上面的时间和所属警察局的编号证明这份文件的确是那些被偷的文件之一。下一张纸上写着所有 West Serial 港口内关于噪声污染的投诉诉状，同样也是被偷的文件之一。不过这两份文件对现在进行的调查而言都几乎没用。

Frank 跪下来，从这堆纸的底部拿出一本笔记本。笔记本内页上沾着三块霉菌斑点，不过还是可以清楚地看到上面写的是给城堡护卫的补给品清单，可以断定这个笔记本本来就是这座城堡里面的。Frank 又拿出了一本笔记本，上面写着的是去年11月城堡护卫的轮班日程。

“这不对劲，”Frank 低声说道，“这里的文件太多了，还有好多城堡内的笔记本。”Frank 换到旁边的另一摞纸，再次从最上面开始查看。

“这些文件有规律吗？”Socks 问道，听起来好像刚刚意识到眼前的文件有多少。

“我……”Frank 说道，不过说到一半停住了，开始翻看另一本标题为《转账申请》的笔记本。笔记本中有四页被撕掉了。

“真奇怪，”Frank 边翻看着那些没被撕掉的纸页边说道，“这些也许是……”

突然 Socks 失去了平衡，倒向了 Frank，打断了他正在说的话。Frank 注意到黑暗中有些动静。这时，Frank 听到门上的链子发出了尖锐的声音，Frank 这才意识到发生了什么。

“门那里！”Frank 在 Socks 快要倒在他身上的时候叫道。

两人倒在了地上，门砰的一声关上了。随着咔嚓一声，门被锁上了。Socks 的魔杖在这片混乱中掉到了地上，滚进了一个干羊皮纸堆里。魔杖顶端发出了一团比之前大得多的蓝色火焰。

Frank 坐在地上，震惊地看着那堆纸被点燃。

警用算法导论：深度优先搜索

节选自 Drecker 教授讲义

与广度优先搜索不同的是，深度优先搜索会优先考虑最近新遇到的搜索状态。所以算法会沿着一条路往下走，直到遇到目标状态，或者一条死路。

和广度优先搜索一样，在使用深度优先搜索时，也可以维护一个列表（更准确地说，是一个栈），里面存放着所有已知但还未探索过的状态。每一步，算法都会从栈的顶端选出下一步要去探索的状态。但与广度优先搜索不同的是，深度优先搜索会将新的状态加到栈的顶端，而不是底端。

让我们来看看之前讲广度优先搜索时用到的例图。重申一遍：图是由点和连接点的边组成的数据结构，它们可以用来表示很多不同的概念，比如城市地图、网络结构、犯罪团伙的网络，甚至是一个城堡的建筑结构。我们从 Kingdom Highway Map 中的案发城市——A 城市——开始搜索。

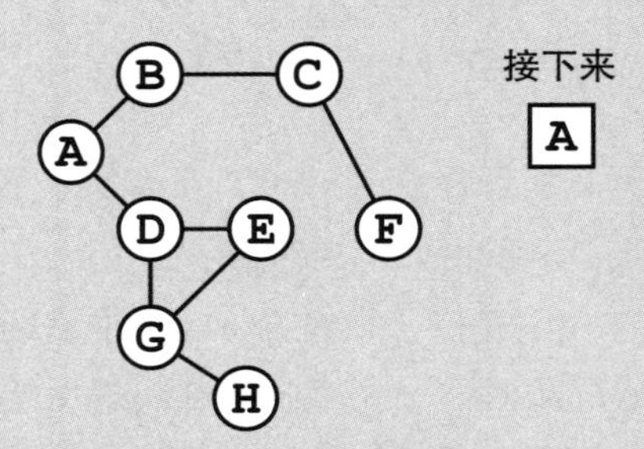

深度优先搜索会沿着一条路探索下去，直到它遇到一条死路（或者一个之前已经探索过的状态）。也就是说，深度优先搜索优先考虑的是搜索的深度，而不是广度。

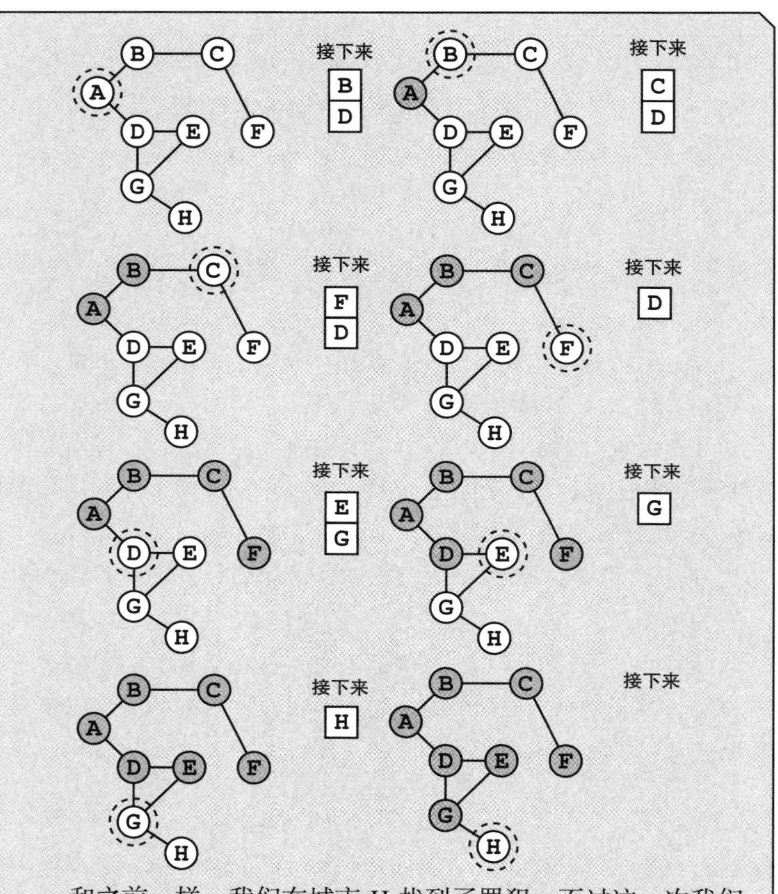

和之前一样，我们在城市 H 找到了罪犯。不过这一次我们在搜索过程中走了一条不太一样的路。

和广度优先搜索一样，我们也会记录下已经探索过的点。这样就可以避免重复探索一个点，这在图里可能有环的时候格外重要。如果不记录的话，你可能会陷入一个环中，无穷无尽地沿着这个环重复探索上面的状态。在上图所示的例子中，我们通过记录下探索过的点来避免将之前已经加入过列表的点（无论它有没有被探索过）再次加入列表。

— 12 —

餐厅中的栈和队列

Frank 俯下身子，快速地向门的方向跑去，他试着推门、拉门、踢门，但除了制造出巨大的声响外，一无所获。

Frank 转向 Socks，希望这位年轻的巫师知道可以让铁门扭曲的咒语。鉴于目前他们的处境，他相信 Socks 对使用开锁咒语应该没有意见。不过当 Frank 看到燃烧着的羊皮纸和向天花板上飘起的烟雾时，他一时呆住了。他的脑海中浮现出了一个烟雾缭绕的厨房景象，这让他回想起了他在警察学院的第一年，他仿佛听到厨房里的厨师在对他大喊大叫。Frank 用力地闭上了眼睛，试图将这个景象从脑海中抹去。

在警察学院的最初两个月里，Frank 利用课余时间在学校的餐厅打工。他干的工作并不怎么光鲜。新来的人都不会被安排去洗盘子，更不要说做饭了。Frank要做的是将一大堆洗干净的托盘、盘子和餐具从厨房拿到餐厅内的桌上，这份工作每个星期要花费 15 个小时。

即使工作很枯燥，Frank 依然干得很开心。“看！我在给你们帮倒忙。我是你们这些勤杂工的天敌！”他会对那三个负责收拾桌子和脏乱餐具的勤杂工这样叫道。他试图去打破学院里两分钟内运送盘子数最多的纪录，但失败了。他还发明了一个可以在餐厅里玩的新游戏，叫扔勺子。但直到有一天，当他在餐厅内遇到 Heappens 教授的时候，他才学到了一些真正有用的知识。

“咳。有些数据结构就不应该存在于餐厅里。”Heappens 教授边研究今天餐厅有哪些食物边这样说道。

当时是下午两点半。吃午饭的人群高峰期已经过了。Frank 正在努力将一堆碗运到放汤的地方。尽管教授那句话并不是对他说的，但他还是抬起了头，问道：“什么数据结构？”

“栈，” Heappens 教授抬起头看着 Frank 说道，“栈不应该用在餐厅里。”

“不，它们用在这正好，”Frank 用一种不知者无畏的语气说道，“你看，这些碗、盘子和煎饼都是以栈的形式放着的。”

Heappens 不屑地挥了挥手，准备走开，说道：“算了，你对数据结构又知道些什么？”

“不然你还能怎么摆放它们？” Frank 问道，“要是摊开来摆的话也太占空间了。”

教授停下来，十分担忧地看着 Frank。这样看了快一分钟后，他说道：“你知道栈和队列的区别吗？”

Frank 摇了摇头。他还没有上过警察数据结构这门课。

“栈是后进先出的数据结构，” 教授解释道，“它支持两种操作：将一个东西放入顶端，以及从顶端拿出一个东西。”

他指了指面前那一叠盘子，“就像这叠盘子一样。你可以把一个盘子放上去。”

他将手里拿着的空盘子放了上去。

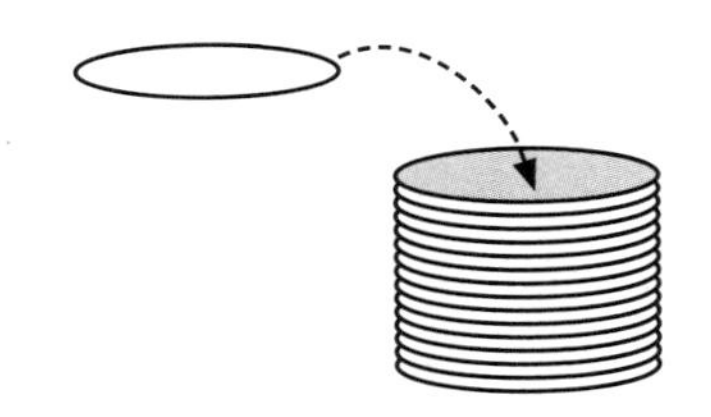

“也可以从顶端拿一个盘子下来。” 他将自己的盘子拿了回来。

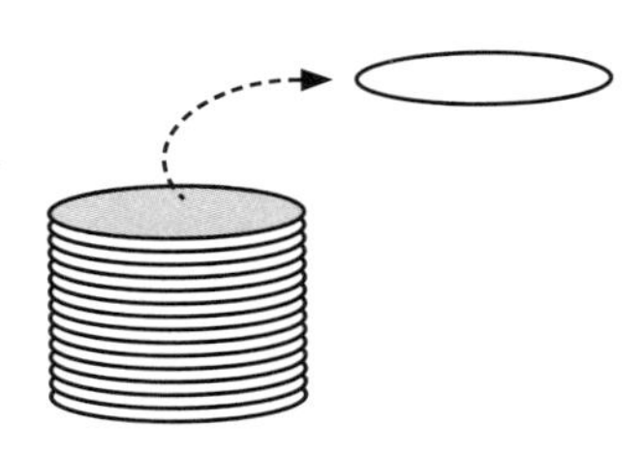

“每次在你从栈里拿出一个东西的时候，你拿到的都是最近才放上去的东西，而最早被放进去的东西会一直待在栈的底部，直到你把它上面的所有其他东西都拿走。”

“所以呢？” Frank 问道，“这有什么问题？”

“如果你正确使用它的话，后进先出的数据结构没什么问题。

在你写深度优先搜索算法的时候，栈有用极了。你只用每次将新的搜索选项放到栈的顶端，然后在倒退的时候把它们从顶端拿出来就好了。但餐厅已经错误地用栈好几十年了。

“就比如这一叠盘子。你知道最下面的那个盘子已经在这待了多久了吗？”

Frank 试图回忆他上次看到放盘子这里空着是什么时候，但他根本想象不出这个画面。

“五年！” Heappens 教授叫道，“我知道，因为我对这个盘子做过标记。五年来，你们这样的学生不断地把新的盘子放在顶端，而最下面的这个盘子从来没有被用过。它的边缘一直在那沾灰。

“但这并不是最可怕的。看看他们是怎么处理那些土豆泥的。”

Frank 眼睛扫了扫旁边那一大木碗的土豆泥。一个厨师正在往里面加刚出炉的土豆泥。那个厨师手里拿着一个大锅，正愉快地用一个长柄勺把土豆泥从锅中搅到碗中。过了一会儿，Frank 才意识到厨师将原来的土豆泥埋在了最下面。他的胃开始不舒服了。

“最下面的土豆泥放了多久了？” Frank 问道，其实 Frank 并不想知道答案。

“别担心。他们至少每周会将这些木碗洗一次，所以再久也不过一周。”

Frank 并没有感到欣慰，事实上，他感到非常不舒服。眼睛快速扫了一圈，Frank 看到餐厅内几乎每个地方都在用后进先出的数据结构。当他看到装沙拉酱的大桶时，他不敢再看下去了，他感到既慌张又恶心。

“我们能做些什么？” Frank 问道。

“用队列，” 教授回答道，“队列几乎可以说是为餐厅量身定制的。”

“队列？” Frank 问道。

“先进先出的数据结构，” Heappens 教授解释道，“像栈一样，它们同样是用来存储东西的，并且也支持两种操作。你可以将一个东西放到队列的最后，并从最前面拿出一个东西。这样，你拿出来的永远都是最先放进去的东西。”

Frank 想象了一下每次都从一叠盘子的底下拿盘子，好麻烦，于是问道：“但如何做呢？”

“这正是数据结构如何运作的问题。看看等三明治的人所排的队，那就是一个队列。现在队里有四个人，而最前面的人等待的时间最长。”

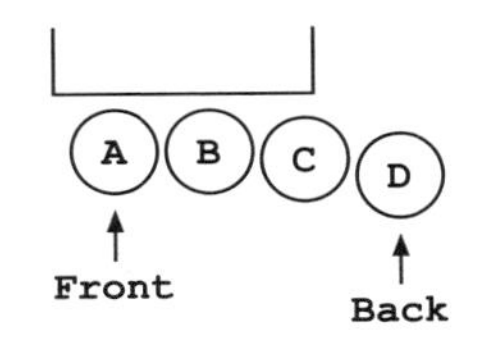

正当 Heappens 教授说着，又有一个人开始排队了。“看，他走到了队列的最后。” 教授说道。

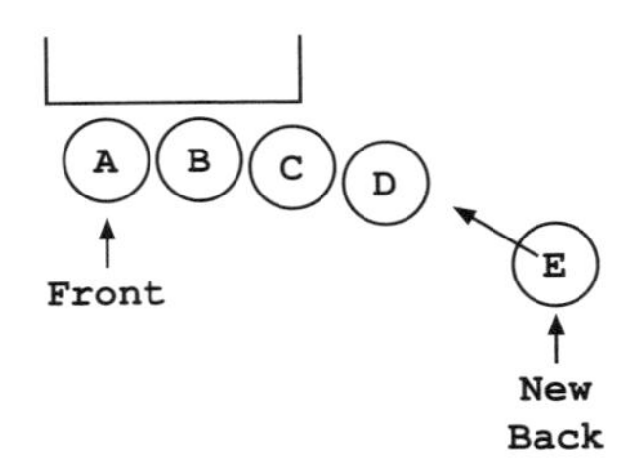

Frank 和教授看着那支队伍，直到排在第一位的人拿着自己的三明治走了。

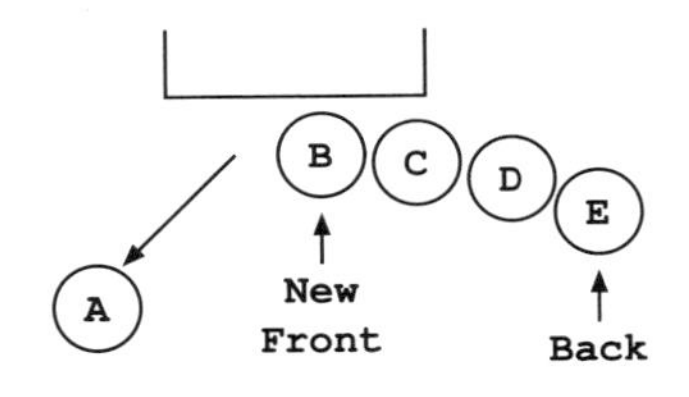

“看，有人从队伍最前面离开了，” 教授开心地说道，“这个餐厅需要更多的队列，所有餐厅都需要更多的队列。”

Frank 想到了之前看到的土豆泥，意识到教授说的没错。数据的存储方式可以在很大程度上影响到它被存取的方式。对于土豆泥的这种情况，存取的顺序是很重要的。

即便意识到这点很容易，Frank 花了好几天才把队列这种数据结构用到了餐厅里。改变盘子和碗存取的方式相对简单一些，他只需要把原来的那叠盘子或碗拎起来，然后把新洗好的放在最下面就好了。但说服厨师们让他们改变加菜的方式则困难多了，厨师们非常享受将一大勺一大勺的土豆泥揽到碗里的这个过程。最终，Frank 提议让他们用两个碗，每次将那碗旧的土豆泥揽到新的土豆泥的上面。虽然严格来说这还不是一个队列，但这样做既让厨师们依然可以享受到揽土豆泥的乐趣，也避免了旧的食物被埋在新的食物下面。

有一天， Frank 需要顶替一个生病了的面包师。Frank 坚持说后进先出地将面包装入烤箱对放在最后的面包是不公平的。所以他提出，每过25秒就拿出烤箱中最后一块面包，并将其他面包往后推，然后在最前面放入一块新面包。

如果烤箱前后有两个门的话，这将会是一个非常好的计划。不幸的是，餐厅用的烤箱只有一个门，这让 Frank 的计划实施起来变得非常困难。这样时不时地改变面包的位置的确能让每一块面包受热更加均匀，但 Frank 意识到自己加面包的速度根本赶不上烘烤进度，很快就有面包烤糊了，浓浓的黑烟从烤箱中飘了出来。

当其他厨师都在忙着拎水桶去救火时，Frank 只是麻木地看着那烤糊了的面包。当他意识到队列也许不是对餐厅里的所有问题都适用时，他感到了一丝困惑和绝望。看来关于数据结构他需要学的还有很多。

警用算法导论：栈和队列 I

节选自 Drecker 教授讲义

栈和队列是用来存放数据的两种简单的数据结构。从表面上看，它们和列表没有什么区别，其实它们和列表的区别主要体现在添加和删除数据的方式上。

栈是后入先出的数据结构，就像我们对办公桌上的一叠公文进行操作的那样。新的元素会被加入（推入）栈的最上方，而删除（弹出）元素的时候也会从最上方删除。如果 1、2、3、4、5 依次被推入了一个栈，那么它们会以 5→4→3→2→1 的顺序被弹出。当然，在现实生活中，如果你真把桌上的公文全都处理完了，警长马上会给你安排更多的工作。

你可以用一个数组（A）和一个记录当前栈顶位置的变量（*Top*）来实现一个栈。当推入一个新的元素时，就会把它加到下一个空的位置里，也就是 A[*Top*+1] 里。同时，你也需要将 *Top* 的值加 1。

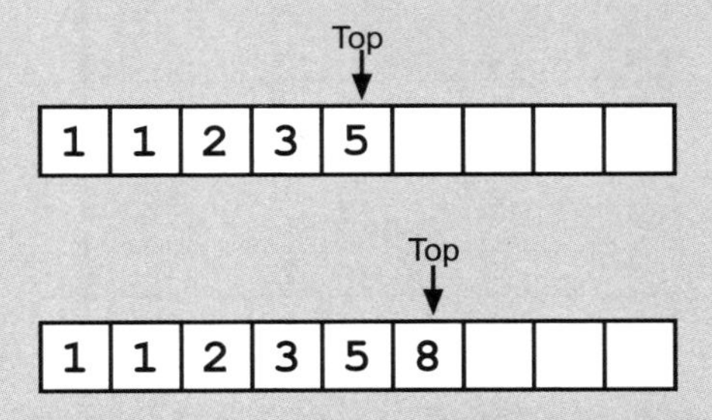

当从栈里面弹出一个元素时，可以用 *Top* 来找到应该弹出的元素（即 A[*Top*]）。同时，你也需要将 *Top* 的值减 1。

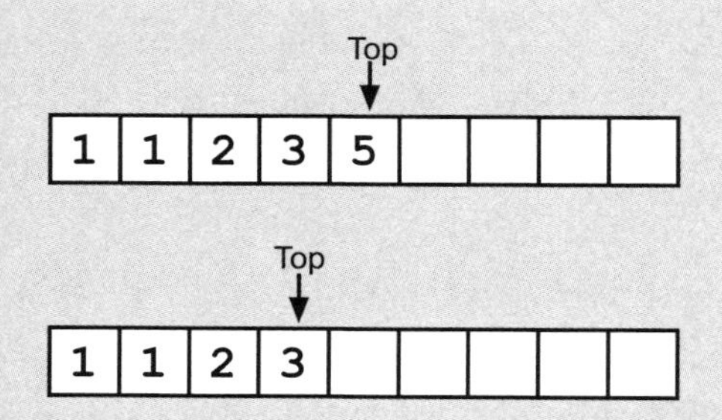

当然，如果你的数组大小是固定的，那么在推入新的元素时也要注意检查数组中还有没有剩余空间。

队列是一个先入先出的数据结构，就像排成一列等待被询问的犯罪嫌疑人一样。新的元素会被加到队列的最后，而删除元素时会从队列最前面删除。如果 1、2、3、4、5 依次被加入队列，它们会以同样的顺序从队列中出来。

队列也可以用数组来实现。你需要两个变量来记录目前队列中的第一个元素（Front）和最后一个元素（Back）在哪。当加入一个新元素时，我们把它放到目前队列尾部之后的一个格子（*A*[Back + 1]）里，并将 Back 的值加 1。

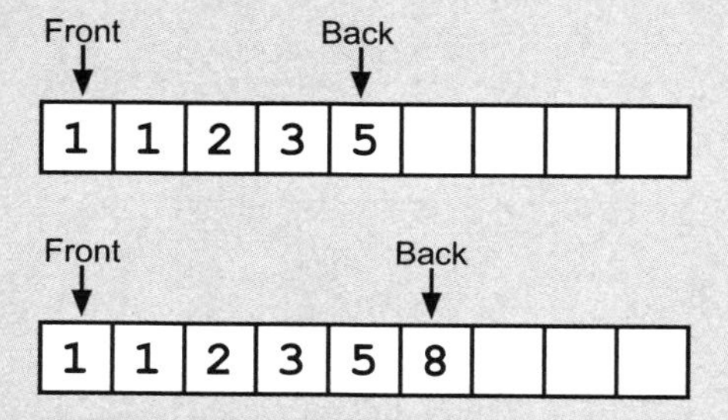

相反，在弹出一个元素时，我们把目前处于队列最前端的元素（*A*[Front]）弹出，并将 Front 的值加 1。

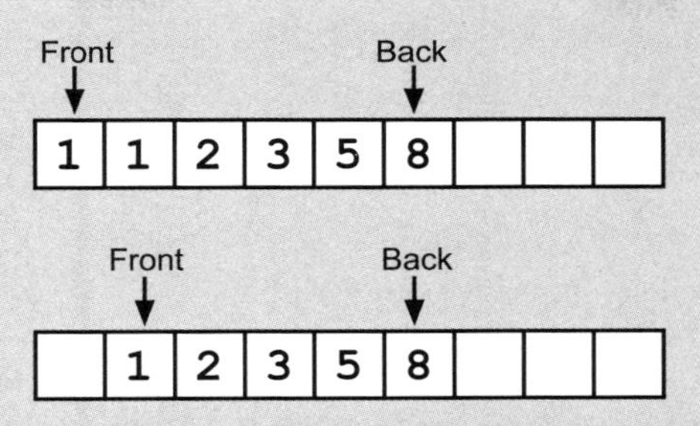

如果使用一个固定大小的数组来实现队列，在不断向队列中添加元素和从中弹出元素时，数组的前端会逐渐出现一段空白，如果队列用完了数组后面的所有空间，可以让它绕到前面来利用这段空白空间。但如果这样做，一定要细心地处理好在添加和弹出元素时 Back 可能会绕到数组最前面的情况。

— 13 —

用栈和队列搜索

Frank 努力将烧焦面包的画面从脑海中消除，重新将注意力集中到他们目前的处境。他们现在被困在一间房间里，里面装满了即将燃烧起来的羊皮纸。火势目前还很小，只烧到了那一摞纸最边上的几张散页。但是一旦那一摞纸燃烧起来，火势将无法控制。

Socks 爬向门的方向，随后将身体靠在门上。“它锁住了吗？”他问道。

Frank 心中想到了无数嘲讽 Socks 的方式，但最终他只是简单地点了点头。“你能打开它吗？”他问道，“这是一个老式的两针式的锁，不会有太多种组合方式的。”

Socks 摇了摇头。“没时间了。不过我知道一个软化铁的咒语。当然用了它这个门就彻底毁了。不过当下这种情况，门的好坏已经无所谓了。”

他拿起自己的魔杖，立刻开始行动。他念着咒语，手不断在门上游走。他的手经过的地方逐渐长出了铁锈，很快就铺满了这个铁门的表面。不到一分钟后，Socks 退后了一步。铁门看起来已经锈透了，但不管怎么说，毕竟还是铁做的。

“铁门现在应该比之前要脆弱很多了，” Socks 说道，他又后退一步，期待地看着 Frank，仿佛在说：“现在你随时可以直接破门而出了。”

Frank 也退后几步，两眼打量着那扇门。“有多脆弱？” Frank 问道，“你说的脆弱是像牙签那样，还是像一块厚木板那样？”

“额…… 肯定比一般的铁脆弱多了，” Socks 回答道，“我让它多了很多铁锈。虽然门很厚，但我想它现在应该相当脆弱了。”

Frank 低吟了一声，他深呼吸了一下，积蓄着力量。然后，他放低自己的肩膀，冲向了门。撞上的那一下 Frank 的整个身体都震了一下，但他终究还是冲过去了。

冲过门的 Frank 四肢张开地躺在地上，而他四周的空气中已充满了铁锈。

Socks 急忙跑到他身边。“你还好吗？” 他回头望了门一眼，随即笑道，“成功了！” 他骄傲地说道，“门是不是很脆弱？撞上去的感觉如何？”

“像撞一尺厚的木头一样，” Frank 说道，“疼死了。”

Socks 脸上的笑容暗淡了一些，说道：“哦……”

Frank 努力站起来，肩膀非常疼，明天那里肯定会淤青一大片。但目前，和逃离火海的开心相比，那些都不算什么。

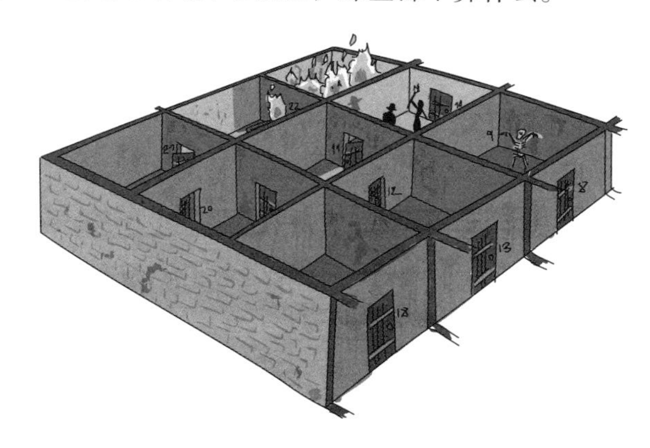

“该走了。”Frank 一边走向下一个房间，一边说道。

“你还记得怎么回去吗？” Socks 问道。

“当然，”Frank 回答道，“我们是用深度优先搜索法找到这里的。我们沿着栈回去就好了。”

“栈？” Socks 边跟上 Frank 边问道。

“对，” Frank 一边在心中回味着刚刚的逃脱，一边回答道，“我们可以用不同的数据结构来区别这两种不同的搜索。比如，广度优先搜索用的是队列，而深度优先搜索用的则是栈。” Frank 此时竟然给出了教科书般的答案，简直像Notation附体了似的。

“实际上，在进行深度优先搜索的时候，有很多种可以用栈来记录目前选项的方法。有些人喜欢用栈来记录下一列他们还未探索过的房间，就像你在广度优先搜索中用的队列一样。但我喜欢用另一种方法。

“你可以用一个栈来存放你当前走过的路径上的房间。每当探索到一个新房间时，就将它推入这个栈中。

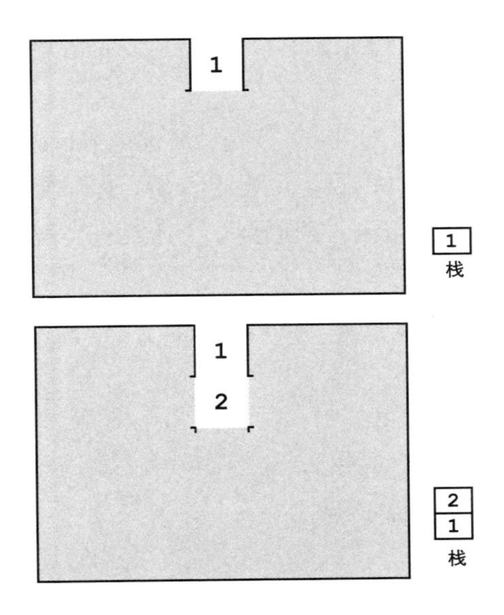

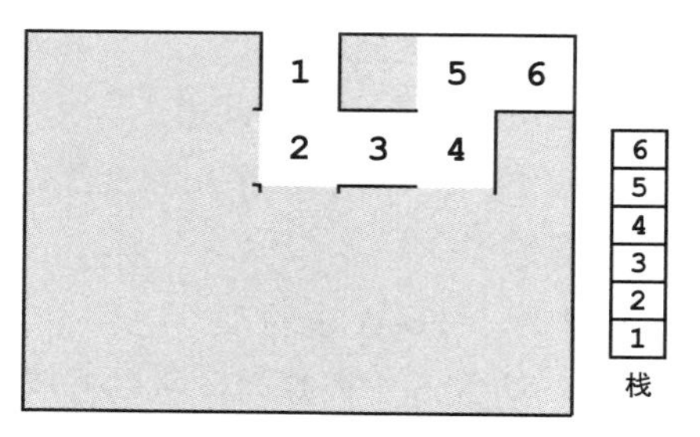

“当你倒退时，就将那个房间从栈中推出，并回到它之前的那个房间。这样，你永远都能知道如何倒退回起点。为了让倒退的过程容易些，我还将房间都编了号。”

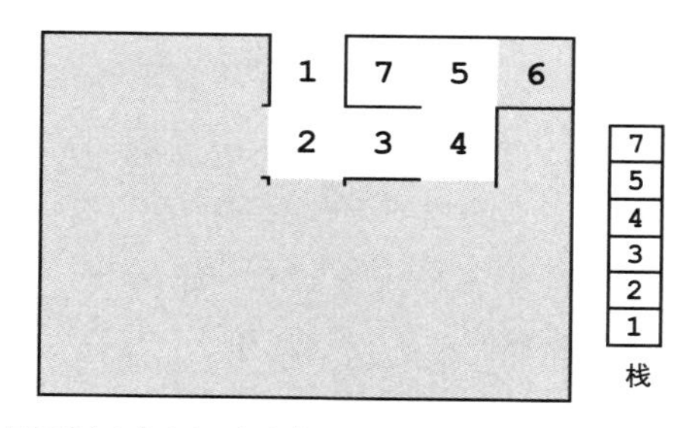

“我以为只要每次回到我们之前最后一个需要做决定的分叉口就行了。” Socks 说道。

“其实就是这样，” Frank 说道，“但是将目前路径上的房间放在一个栈里可以让这样的做法变得更容易。你只要不断地倒退，并将房间从栈中推出，直到你倒退到一个还没有完全探索完的房间为止。”

Socks 看起来十分佩服 Frank，说道：“你把我们探索过的房间都写下来了？”

“我把那个栈记在脑中，并且用粉笔对房间都编过号了，” Frank 回答道，“我之前说过，这不是我第一次用深度优先搜索算法了。我们需要倒退七个房间。”

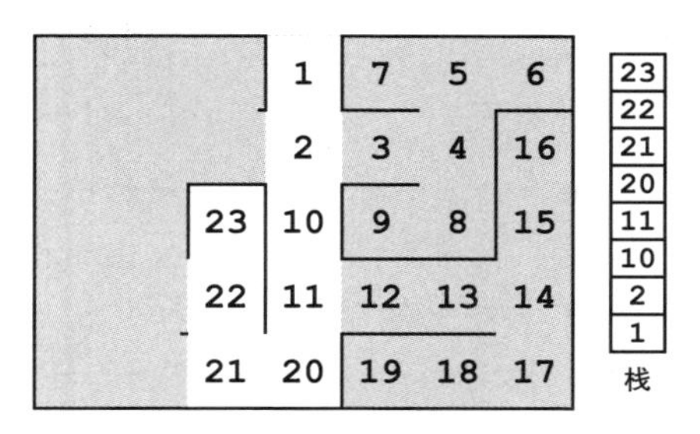

他们匆忙地跑过了两个黑暗的房间。Socks 突然想起手中的魔杖。随着他低吟着点火的咒语，他手中魔杖的顶端冒出了一团蓝色火焰。

Frank 紧张地看了眼魔杖。“把它握紧一些。”他说道。

又走过了三个房间后，Socks 突然问道：“那队列呢？”

“队列怎么了？” Frank 问道。

“你说过它们是用来做广度优先搜索的。”

“对，”Frank 说道，“你之前用过的魔法列表就是一个队列。在广度优先搜索中，这个队列是用来记录还没有探索过的选择。不过每次是将和当前状态相邻的状态加到队列的尾部，而不是将当前状态推入栈中。”

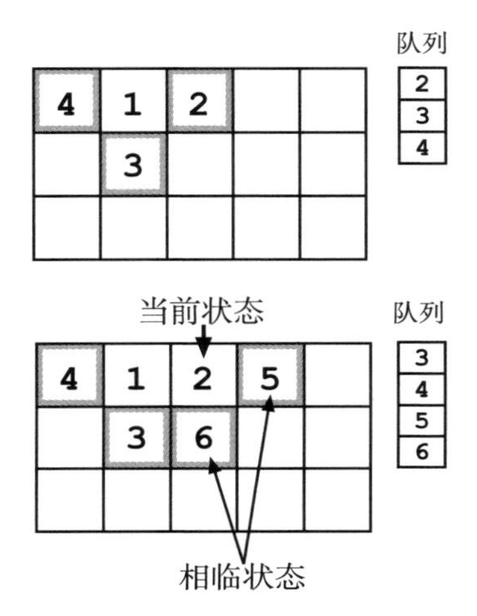

“那么在深度优先搜索的时候，你是用栈来记录没有探索过的状态，还是记录当前路径呢？” Socks 问道。对于一个正从废弃监狱中逃离袭击者的人来说，他的语气听着出奇兴奋。

“只要你足够细心，两种方法都可以。” Frank 说道。

“我从来没有从栈和队列的角度来想过搜索，” Socks 沉思道，“肯定还有很多数据结构也被我忽视了。我打赌解绳之咒也用到了一些数据结构。”

Frank 完全无视了 Socks 的自言自语，他们继续向出口走着。他们走得很快，不过是为了逃跑，而不是继续探索。Frank 觉得袭击他们的人肯定已经走了，因为并没有人试图阻止他们逃跑。并且在烧掉证据之后，袭击者也并不需要继续留在这儿了。

过了几分钟，他们找到了出口，并冲了出去。他们身后溢出了一缕黑烟。到现在，大火应该已经把所有的纸都烧光了。他们所有的线索都被毁掉了。

警用算法导论：栈和队列 II

节选自 Drecker 教授讲义

信息是设计高效算法时不可或缺的要素。我们储存信息的方式和使用的数据结构，不仅会影响到算法的效率，也会决定算法的工作原理。从之前课上学到的深度优先搜索和广度优先搜索中，我们已经可以看出数据结构的重要性。虽然这两种搜索的算法在概念上是相似的，但我们用来储存状态的数据结构（栈或队列）不同，这在很大程度上决定了搜索会怎么进行下去。

选择数据结构时一定要小心，因为数据结构应该符合算法的需求。假设你选择使用图来存放一串排好序的数字，就算你能想方设法地来维护这列数字的顺序，也不能高效地进行二分搜索。这是因为图这种数据结构限制了我们存取数据的方式，我们不能像数组那样用下标序号来存取数字。这样一来，要想找到一个下标对应的数字，我们就必须进行一次线性查找，沿着图中的边逐个找下去。

— 14 —

分头行动——并行搜索

“发生什么了？”Notation 警官站在门边问道。Frank 一边喘了口气，一边打量着她，心里想：她是在担心还是在疑惑呢？

“我们被袭击了！” Socks 脱口而出，“我们被困在了一间小房间内。房间内所有的东西都烧起来了！幸亏我使用了弱化铁的咒语，我们才得以逃脱。” 他看起来对自己的表现挺得意的。

“袭击？”Notation 问道，“谁袭击了你们？你们看到袭击者了吗？长什么样？”

“没有，” Socks 承认道，“他从后面袭击了我。”

“Frank 你呢？”Notation 转向 Frank 问道。

Frank 摇了摇头：“我只看到Socks向我冲来。”

“我觉得他的个子一定很大，”Socks 说道，“一个巨大的恶棍。他身手敏捷且隐蔽，也许是一个受过训练的杀手。”

Frank 转了转眼珠，说道：“不好意思，年轻人。他肯定是一个新手。专业的杀手不会把人关在房间里就逃走。”

“但是那大火呢？” Socks 问道。

“是你的魔杖引起的火，”Frank 提醒道，“你把它掉在那堆纸上面了。”

“纸？” Notation 问道，“你们找到那些日志了吗？知道他们是在找什么了吗？”

Frank 和 Socks 对视了一眼。Notation的眼神游走在他们之间。终于，Frank 开口了：“那些日志都没了。我们这位初级巫师把他的魔杖掉在了纸堆上，然后大火就烧得到处都是了。所有线索现在都没了。”

Socks 瞬间脸红了，两眼盯着地面。

“没了？” Notation 问道，“所有线索都没了？你确定吗？”

“对。” Frank 面向门内飘出的黑烟点头道。

“那袭击你们的那个人呢？”Notation 问道。

“我没有看到他，” Frank 说道，“我觉得你也什么都没看到，是吧？” 他问 Notation 道。这样的问法比他原本打算的问法要尖锐许多。不过，他刚从一个燃烧的房间中逃出来，此时并没有什么心情来绕圈子。

“没有，”Notation冷静地回答道，“我在前面这里什么都没有看到。”

“门旁边也什么都没有？”Frank问道，“任何可能帮我们找到袭击者的线索都没有？”

Notation 摇了摇头。“什么都没有，”她说道，“不过我看了看另一边，那里感觉好几个月都没有人去过了。”

Frank 点了点头，但什么都没说。他感觉有些蹊跷，要么袭击者巧妙地避开了站在前门这里的 Notation，要么就是 Notation 在隐瞒什么。她之前离开过多久？为什么她一直都不进去？Frank 觉得现在不要刨根问底了，便说道：“好吧。让我们回到船上吧。”

“现在怎么办？” 当他们走回水边的时候，Socks 问道。

“该倒退了，” Frank 说道，“这儿没有更多的线索了。”

“倒退到哪里？”

“去追查其他的线索，”Frank回答道，“我们应该去调查剩下的线索。”他停了一会，思索着他的选择，说道：“我想我们是时候开始使用并行搜索了。”

“你确定吗？” Notation 问道。

“并行？” Socks 问道。

“并行就是说我们分头去追查搜索空间的不同部分，”Notation 回答道，“并行算法把要做的工作分成几份，然后同时执行它们（比如把它们分给多个人同时去做）。现在，我们可以把所有的线索分成三类。你、Frank和我可以每人去追查一类线索。这样我们可以同时追查多个线索，提升效率。”

“但是，” Socks 反对道，“我不是警官，也不是私家侦探。我不知道该做什么啊。难道我不应该跟着你们中的一个人吗？”

“不，” Frank 说道，“虽然我还不知道我们面临的是什么，但我感觉我们的时间不多了。无论我们追查的人是谁，他已经知道我们在调查他了，也知道我们已经追查到这儿了。如果他们还算聪明的话，就会马上开始销毁剩下的证据了。”

“但等到我们回到Usb港时天色就会很晚了。”Socks 说道。

“我们可以今晚分头行动，明早在我办公室会合，”Frank 说道，“这样我们应该有足够的时间去追查线索，或许还能睡一觉。”

“好，”Notation 同意道，“那我们怎么来划分工作呢？”

Frank知道在一个高效的并行算法中很重要的一点便是工作的划分方式，需要保证多个人同时工作所能带来的效率提升高于划分工作所需要的代价。并行处理会带来一定的额外代价：问题需要被划分成很多部分，每个人需要拿到自己的那一份，并且最后所有人的结果还需要被合并起来。正是因为这些代价，对于一些简单的问题，有时并行处理还不如直接让一个人做。不过，当问题规模变得足够大的时候，并行处理可以很大程度上加速一个算法。

“太简单了，”Frank说道，“Socks，我需要你向你的巫师朋友们打听关于那个联盟的消息。船上的恶棍说过他们是在为一个联盟工作。不过他们还没说完就被 Rebecca Vinettee 打断了。从之前案子的经验来看，这个联盟的真名应该会很邪恶，比如叫‘黑暗联盟’或者‘嗜权利狂人联盟’这种。这种邪恶的联盟一般在名字上也不会藏着掖着。找到你能找到的所有关于这个组织的信息。”

“这线索也太希望渺茫了。”Socks 抱怨道。

“Notation，”Frank 继续道，“我需要你找出过去六个月所有警察调职的记录。” 虽然他并不是很想把这个任务交给 Notation，但她是唯一可以轻易拿到这些记录的人。如果 Frank 试图自己去找这些记录，别人一定会以怀疑的眼神看着他。再说了，如果他去做的话，首都警察局的人肯定会让他填写一大堆各式各样的表格。这些人简直把表格用得和路障一样了。

“调职？”Notation 问道，明显很惊讶，“为什么？”

“就当是我的直觉吧，” Frank 撒了一个谎，“我们明早在我的办公室会合，分享我们找到的信息。”

“那你呢？” Notation 问道，语气有些恼怒。很明显，她意识到了 Frank 对她有所隐瞒。

Frank 对她无辜地笑了笑，说道：“我需要去买些东西。”

在 TCP Flyer 号缓慢地驶向 Usb 港的过程中，Frank 找了个没人的角落，坐下来开始思考。这种丢失重要线索的感觉总会让 Frank 十分害怕——害怕他晚对手一步。Frank 强行将这些疑虑从脑中消除，重新开始思考剩余的线索。回程的这段时间足够让他来重新归纳整理所有的线索，以及想想他有没有漏掉什么了。

他闭上眼睛，深呼吸了一下。

“哦。对不起，你在睡觉吗？” Socks 问道。

“不，我在思考。” Frank 说道。他很惊讶自己居然没有对他吼叫。不管怎么说，这位巫师都算救了他的命。

Socks 什么都没说。Frank 又说道：“你想要干什么，Socks？”

“额…… 我对我们现在的搜索有些疑问。” Socks 回答道。

“什么疑问？” Frank 说道。

正如 Frank 担心的那样，Socks 走了过来，坐在了他身边。

“你觉得我们会找到罪犯吗？” Socks 问道。

Frank 耸了耸肩说：“我们还有很多好线索。”

“不过你觉得我们来得及吗？” Socks 问道。

Frank 顿时警觉了。他转身狠狠地盯着 Socks 问道：“什么叫‘来得及’？”

Socks 身子几乎向后倒了下去。他的眼睛不停地转着，似乎在寻找一个合适的答案。“就是赶在他们的计划之前抓住他们啊。” 他最终说道。

Frank 并没有就此罢休。“你还知道些什么？” 他问道。

“没了，” Socks 回复道，“至少，没有什么具体的东西了。都只是猜测，而且不是我的，而是我导师 Gretchen 的。不过她对这种事的直觉很准的。”

“什么叫‘这种事’？”

“我真的什么都不该说了。都只是猜测。”

“什么叫‘这种事’？” Frank 低吼了一声。

“她认为这件事的幕后者准备在几天后攻击城堡。”

Frank 跳了起来，叫道：“你怎么不早点说？”

“这只是猜测。” Socks 重复道。

“那也不是瞎猜的。她一定有这样猜测的原因，” Frank 说道，“不是吗？”

“嗯，不是完全瞎猜的，” Socks 说道，“这是基于被偷的那个面具猜测的。这些魔法神器在满月的时候力量最强，而两天后就是满月了。”

“所以这个面具到底是干什么的？” Frank 问道。他开始焦急地四处踱步了。

Socks 犹豫了一下，说道：“这是一个力量非常强大的器物，”当他意识到 Frank 目光中的愤怒后，他加快了语速，“它的学名是外表组合面具。它在几百年前的 Great Slug War 中丢失了。大家都以为它就这样遗失了，直到 Ann 公主在一次出征的途中找到了它。她是在……”

“所以它是干什么用的？” Frank 不耐烦地问道。

“它可以让戴上它的人看起来像另外一个人。学者们认为它使用了一个巨大的并行搜索算法。它会对每一个面部特征都进行一次搜索。戴上它之后，你的鼻子会变成你想变成的人的鼻子那样，眼睛会……”

“一个完美的伪装？”Frank 说道。

“对！”Socks 赞同道。

Frank 咒骂了一声，问道：“那城堡呢？为什么 Gretchen 认为他们会攻击城堡？”

“她没有说，” Socks 承认道，“也许那部分的确是她猜的。”他补充道。不过显然他并不相信自己所说的。

Frank 也并不相信。

“很抱歉之前没有提过这事，”Socks 说道，“是因为没有任何证据……” 他看起来痛苦极了。

“还有什么你没有告诉我的？” Frank 盯着 Socks 问道。

Socks 想了很久，回答道：“没有了。”

“全都告诉我了？”

“我知道的全都告诉你了。”Socks 谨慎地说道。

Frank 深吸了一口气，抬头看了看船帆。他多希望此时船能走得更快一些。过去一小时里，风几乎停了。现在的 TCP Flyer 号几乎是一步一步地爬向他们的目的地。

Frank 在头脑中规划了一下他们接下来几天的时间安排。他不知道他们还有没有足够的时间。即使是三个人分头行动，也不一定能追查出足够多的东西。更糟的是，在 TCP Flyer 号靠岸以前，他们根本没有办法开始并行搜索。现在，他们能做的只是乖乖待在这艘船上而已。

警用算法导论：并行算法

节选自 Drecker 教授讲义

并行算法所做的是将一个问题分成数个小块，并同时在这些小块上执行计算，最后再将结果组合起来。由于将这些计算任务分给了不同的人同时执行，所以相比只有一个人来执行，并行算法可以更快地完成计算。考虑一个例子：我们在一幢废弃建筑中寻找逃犯，这种情况下能调动的警官越多，能同时搜索的房间就越多，因而也就能更快地找到逃犯。如果有30间房和30个警官，他们便可以在同一时间搜索所有的房间。

想要设计一个高效的并行算法，有两点很重要：第一是如何高效地将计算任务分割成互相独立的单元，第二是如何在最后将结果组合起来。有些问题并行起来非常容易，比如，你想在一大堆书卷中找一个线索，就可以很容易地将这些书卷分成数小堆，并让每个人负责其中的一小堆。

然而相比之下，有些算法就很难甚至无法进行并行计算。例如，要审问一个犯罪嫌疑人，即使有100个警官，审问的速度也无法加快。这个问题从根本上讲就是需要一步一步来的：你的下一个问题取决于犯罪嫌疑人对上一个问题的答案。而且更重要的是，犯罪嫌疑人同时只能回答一个问题。我曾经见过八个警官同时对一个犯罪嫌疑人大喊大叫，然而这并没有让审问的进度有任何加快。

当你考虑是否应该使用并行计算时，另一个需要考虑的方面便是，并行计算带来的效率提升是否大于它所带来的额外工作量。进行并行计算时，你需要额外地去分割问题和组合最后的答案。同时，给每个人布置任务也需要花费一定的时间。比如，在搜索一个只有三个元素的乱序数组时，如果你试图用并行计算，在你分割和布置任务的这段时间里，一个人早就可以把整个数组找完许多次了。

—15—
迭代加深可以救你的命

“你又开始有这种表情了。” Mavis 说道。Frank 抬起头，恼怒地看了看 TCP Flyer 号的船长。他想一个人静静地思考一下，然而这十分钟内他已经被打断两次了。

“什么表情？”他低吼道。

“就是这种表情，”她向 Frank 所在的方向挥挥手说道，“你在怀疑你自己，你在想是不是花太多时间在这些走不通的线索上了。”

“我怎么可能会这么想？” Frank 说道。

“我听到那个小孩说的话了，” Mavis 解释道，“突然间，你的时间变得紧迫了许多。然而我们却至少还需要四个小时才能到 Usb 港。”

Frank 点了点头说道：“如果这艘破船……”

“嘿，冷静点。就算你开始怀疑自己，也没理由侮辱我的船。”

“说的也对。” Frank 低声说道，似是而非地道歉。

Frank 已经在脑海里来回考虑过每一个线索了，思考是否其中的某个可以更快地给他答案。他知道那些日志是好线索——至少是这种案件中他能找到的最好线索了，但是它们也耗费了他很多时间：乘坐 TCP Flyer 号奔波于各个港口之间几乎就花掉了他一整天的时间。

Mavis 弯下腰，坐在了 Frank 身边，说道："迭代加深？"

Frank 耸了耸肩。他也想到过这个主意。迭代加深是一个综合深度优先搜索和广度优先搜索的算法。这种算法一轮接一轮地搜索下去，而每一轮都是一个将深度限制为特定长度的深度优先搜索。

"我一直不是很喜欢用这种方法。" Frank 承认道。他从来就不愿忍受在每一轮中将搜索过的一部分一次又一次地重复搜索，因为这样简直是太浪费时间和资源了。

Mavis 笑道："看来你还没有遇到过足够多的死路。"

Frank 的眉毛动了动："你现在是在和一个私家侦探说话。我遇到过的死路比正确的路还多。"

"有没有因此追丢过罪犯呢？" Mavis 问道。

"有几次吧。" Frank 承认道。

"那么你就应该懂得欣赏迭代加深这种方法，" Mavis 说道，"我第一次看人用这种方法时，也因为它需要不断地从头开始搜索而很不喜欢它。不过这种方法已经不止一次救过我的命了。"

"从头开始搜索救过你的命？" Frank 问道。他无法掩饰语气中的不可置信。

Mavis 看向大海，说道："它第一次救我命的时候我还是一个小孩。我当时在一艘名为 Void Star 的货船上当学徒。那艘船棒极了——它可以装任何东西。当时，我们在 Razor Ridges 中迷路了，那是一片充满像迷宫一样的错落的火山口的海域。而且当时我们有一项重要的补给就要用完了。"

"水吗？" Frank 问道。

"不是，" Mavis 回答道，"我们剩的水和食物至少还够用两个星期。是咖啡快用完了——这对船上的官员来说真是一个坏消息。只要一天不喝咖啡，船上的大副就该开始焦躁不安，不停地哼唱让人绝望的水手歌。"

“听起来还没那么糟糕嘛。”

“要是没有咖啡了，他唱起歌来可以把方圆八英里的凶鸟都吸引过来。”

Frank 听着皱了皱眉。

“无论怎样，”Mavis 继续道，“咖啡对我们的船来说太重要了。根据船长的估计，我们只剩下不到两天的时间可以用来找下一个有补给站的岛。她知道我们附近肯定有一个，但却不知道具体方位。我们的地图也在之前的即兴纸飞机大赛中丢失了，而且在那种大雾中，除非行驶到一个补给站旁边，否则根本看不到它。

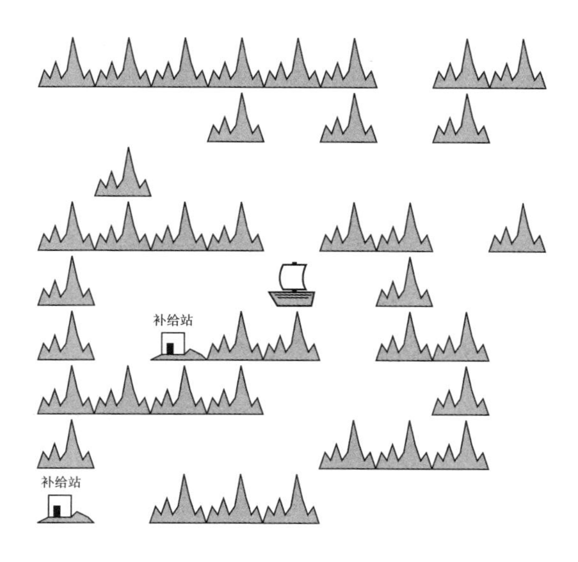

“于是我们开始寻找一个有咖啡的岛。当时我还是一个新手，还没有听说过迭代加深算法，所以就大胆地提议说用深度优先搜索算法。船长只是笑了笑，对我说她永远都不会信任在 Razor Ridges 中使用深度优先搜索算法，因为死路太多了。

“她将那块海域划分成了边长一英里的正方形。在当时的大雾下，一英里几乎是能见度的极限了，所以我们必须走到补给站所在的正方形内才能看到它。然后我们就开始用迭代加深算法进行搜索了。我们首先用了一个深度限制为 1 的深度优先搜索算法，我们参照的是常用的北→东→南→西的顺序。虽然在这轮搜索中什么都没找到，但至少我们只用了数小时就排除了直接相邻的所有正方形。”

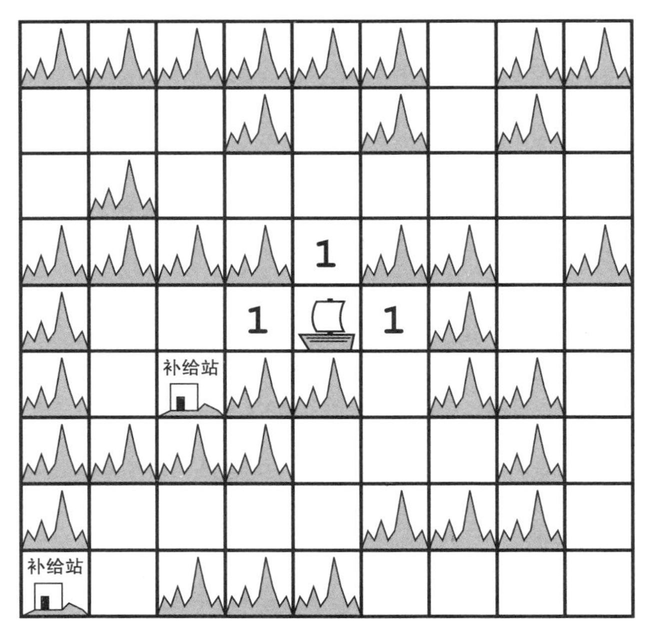

Mavis 摇了摇头，继续说道：“没有任何补给站的踪影。所以我们重新开始，又从原来的起点开始做了一次深度限制为 2 的深度优先搜索。因此这次我们搜索的范围大了许多。在这次搜索中，我们又一次重复走过了和起点相邻的那些正方形。虽然这次搜索完我们还是一无所获，但至少我们很快地将距离起点为 2 的所有正方形也排除掉了。”

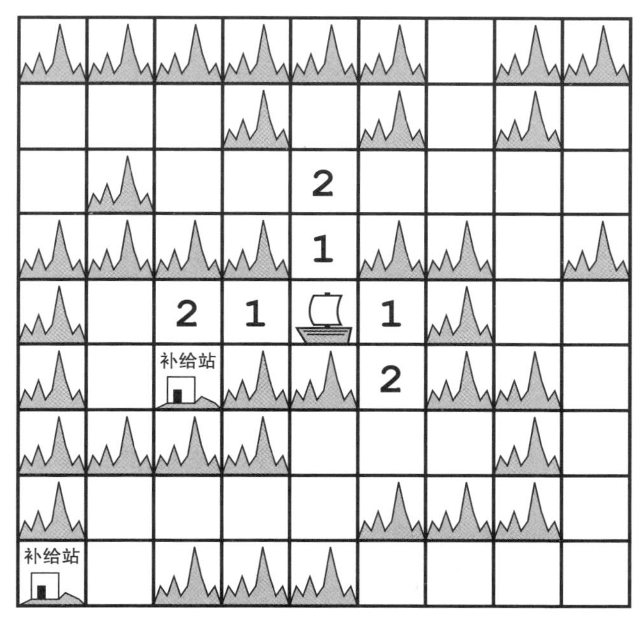

“为什么不用一个广度优先搜索算法呢？”Frank问道，“实际上你们不就是在做广度优先搜索吗？从起点开始，不断地延伸搜索的范围。”

Mavis 点了点头说：“广度优先搜索和迭代加深搜索有很多相似的地方。不过你忘了一点：我们的地图丢失了。如果没有地图，在广度优先搜索中你将很难记录还有哪些没有被探索过的状态。你用什么来记录目前的边界呢？迭代加深让我们可以一步步向外搜索，而不必记下所有未探索过的状态。我们只需要沿着一条有长度限制的路走就好了。”

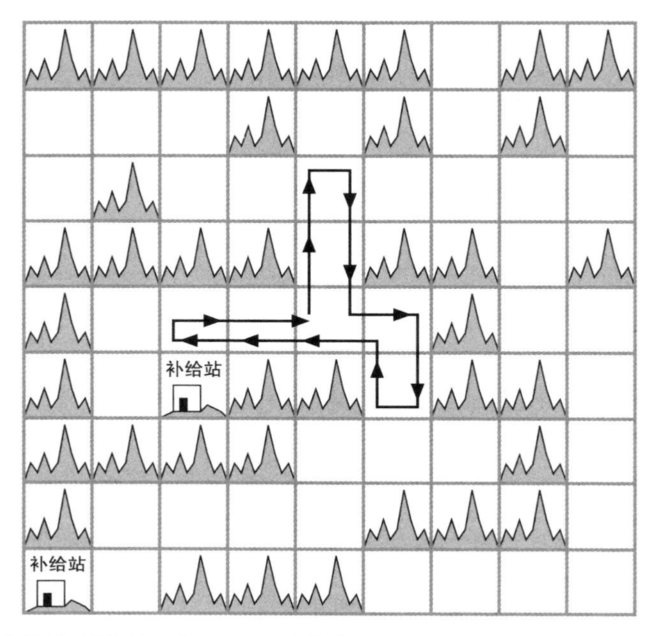

“说的有道理。”Frank 同意道。

“无论如何，搜索完两轮后我们的咖啡已经不多了，” Mavis 继续说道，“一大群人，包括船长，都主动地换成喝无因咖啡了。不过我们都知道这只能给我们争取一点点额外的时间。我们重新开始了一次深度优先搜索，只不过这次我们将距离限制又向外延伸了一些。”

“你们在距离限制为 3 的时候找到补给站了吗？” Frank 问道。

“幸运的是，我们找到了，” Mavis 回复道，“那次搜索我们探索了所有距离为 1、2和3 的正方形。找到补给站时，完全不愿意喝无因咖啡的舵工已经将他的咖啡粉反复用了十次了。但更糟的是，大副已经开始唱‘甲板上的鼻涕虫’了，所幸，这首歌听起来其实还算欢乐。”

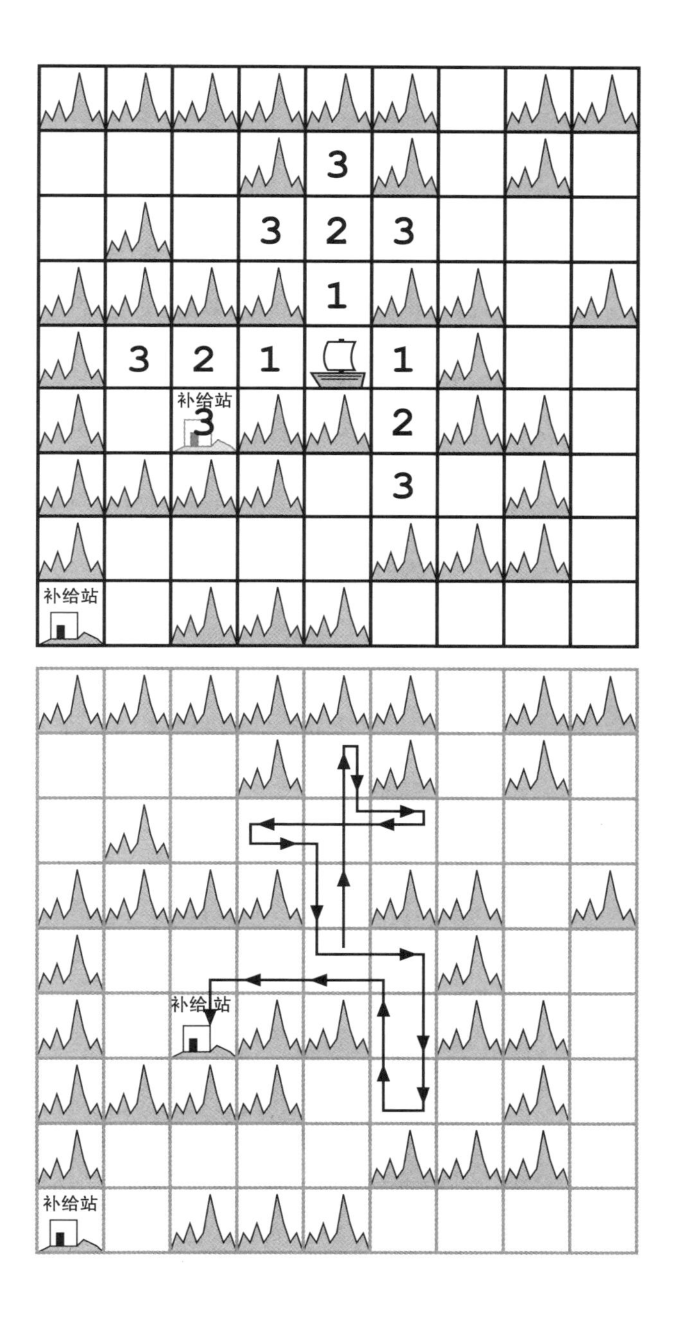
3
3
2
3
1
3
2
1
1
补给站
3
2
3
补给站
补给站
补给站

Frank思考了一下问道："如果为了跳过那些重复的搜索，直接用深度优先搜索会怎么样？"

"我们会一直沿着一条长的死路走下去，直到我们的咖啡用完，" 她回答道，"我之前不是和你说过这玩意救了我的命吗？"

"有道理。但这也有运气的因素吧。要是最近的补给站需要深度限制为 5 的深度优先搜索才能找到呢？"

"哈！你没有这么不讲道理吧，Frank。无论怎么做，你都可以找出一些幸运的情况和不幸运的情况。迭代加深算法可以让你在那些不幸的情况下不那么惨。它至少限制了你在每一轮中会走多远。"

"其他的算法也会这样做。" Frank 反击道。

Mavis 皱了皱眉说道："我没有说迭代加深是唯一可以救我们的算法。我只是说它是我们选择的那一个。自从那次开始，我就一直在用它了。

"有一次我甚至用它去找一群愤怒的鱿鱼。我需要阻止它们把首都的港口弄得像墨一样黑。我简直无法想象那会是一种怎样的场面。有时候我在想，也许我不应该阻止它们——如果它们真的那样做了，国王的反应一定十分精彩。"

Frank 思考了好一会儿。他在想如果之前使用了迭代加深算法是否可以节省一些时间。如果他早点终止搜索的话，他就可以倒退一步，去追查那根线头，或者那个神秘联盟的线索了。不过那样的话，他就不会去追查优先级最高的那条线索了。

他摇了摇头，最终说道："我还是用我一般用的老方法吧。"

Mavis 严肃地点了点头，望着大海说道："好吧。但小心点，Frank。你没多少时间了，而一个长的死路会耗费掉很长时间。不管你用什么算法，都至少应该想想，如何保护自己不要掉进最坏的情况里。"

警用算法导论：迭代加深

节选自 Drecker 教授讲义

迭代加深是深度优先搜索的一种改版。它限制了每一次搜索的深度。在第 k 轮搜索的时候，这个算法会执行一次深度限制（max-depth）为 k 的深度优先搜索。

再一次来看看从 A 城开始找逃犯的这个例子：

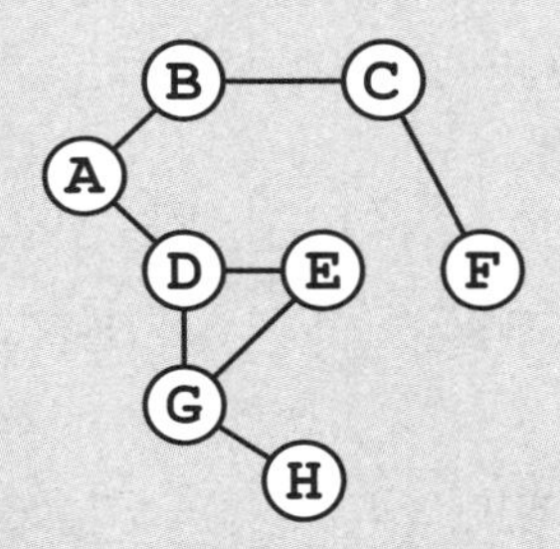

我们以一轮深度优先搜索作为开始，但在搜索完第一个城市 A 后，我们就会结束这轮搜索。这相当于我们只在案发城市里进行了寻找。

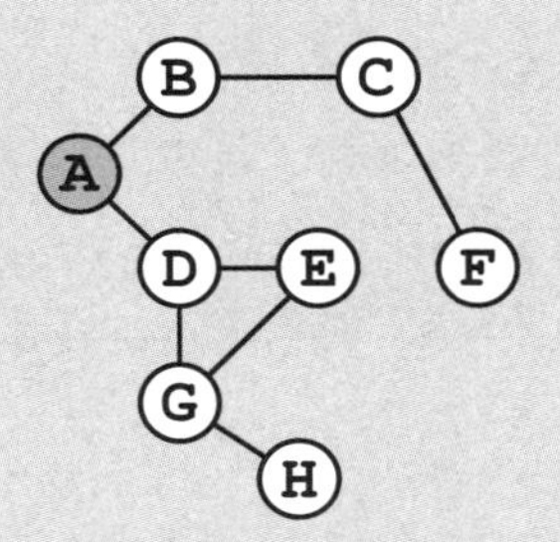

下一轮搜索时，我们会允许深度优先搜索再多走一个城市。这一轮中，我们会在 A、B 和 D 三个城市中寻找。

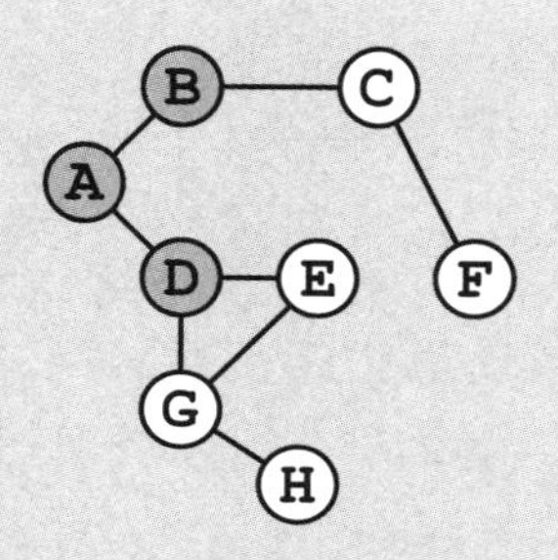

当搜索逐渐进行下去时，我们需要走到离案发地越来越远的地方。在这一轮一轮搜索的过程中，我们将邻近案发地的城市搜索了多次，比如我们会将 A 城市搜索四次，将 B 城市搜索三次。

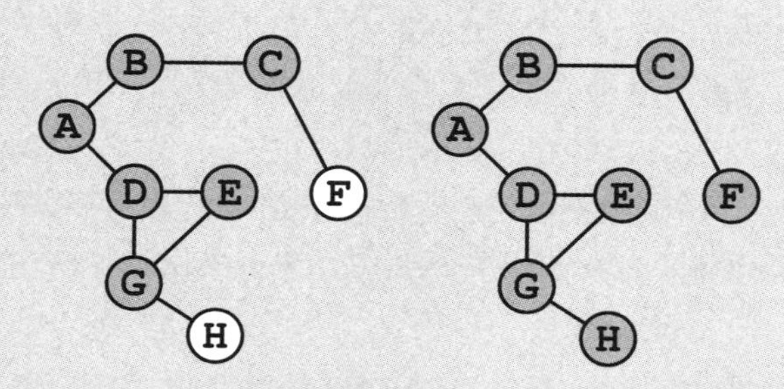

虽然这些重复的工作会加重我们的计算量，但迭代加深还是有它的好处的。首先，它具有深度优先搜索节省内存的特点，同时它也像广度优先搜索那样，可以找到最短路径，并能够避免在一些最坏情况下被困在一条长的死路上。

— 16 —

逆向索引：缩小搜索范围

第二天早上，Frank 来到了位于首都中心的一家小店：Cloaks and More。这间小店里几乎每一寸地方都放满了披风。Frank 好不容易挤出了一条路，来到了柜台前。

一个矮小的快要秃顶了的男人戴着厚厚的眼镜，抬头看了看 Frank，说道："欢迎来到 Cloaks and More。我是 Gilbert Cloaksworth，能帮你做点什么？"

他上下打量着 Frank，眼睛不停地看着 Frank 那件有些破旧的披风式大衣。当他看到那件披风上的补丁时，突然灵机一动。

"我知道了，你是来买披风的，" 他用那些势利的商人所惯用的热情语气说道，"那你真是来对地方了。我们刚刚到了一批很好的森林旅行披风。"

"我是来寻找信息的，" Frank 说道。他拿出从 Array Cart 上拿到的线头，放到那个人面前，说道："我需要知道这个线头是哪件披风上的。"

Cloaksworth 先生一动不动地说道："所以你不买披风吗？"

"我只需要信息。"

“太遗憾了，” Cloaksworth 冷淡地说道，“不过你还是来对地方了。我是这个城市里最权威的披风研究专家。”他拿过线头，看了几眼，接着，他从柜台下方拿出了一个巨大的放大镜，仔细地研究起来。

“黑色和黄色，用的是交叉编织的针法，” Cloaksworth 轻声地说，“质量还不错。当然，还比不上我的标准。不过还算可以了。”

“你还能告诉我任何其他信息吗？” Frank 说道，“有用一些的？”

店主皱了皱眉，不过紧接着便继续开始研究那个线头。“有一丝烧焦的痕迹。” 他终于这样说道。

“被火烧过吗？” Frank 问道。

“不，这个痕迹看起来太规律了。这种痕迹我只见过几次，而且都是在巫师的披风上见到的。这个披风上有一个咒语。”

“你知道是什么咒语吗？”Frank 问道。

Cloaksworth 摇了摇头：“这个你应该去问巫师。我是这城市里最懂披风的，又不是最懂咒语的。”

“那颜色呢？” Frank 问道，“我很少见到这种颜色的披风。你能告诉我它是从哪来的吗？”

Cloaksworth笑道："当然可以。我可是这个王国中最懂披风的人。"

他转身从身后的架子上拿下了一本巨大的书，并砰的一声将它放在柜台上。他随即翻到了书的最后。

"你在干什么？" Frank 问道。

"我在《披风和纹章学索引》的第五卷中找这个披风的颜色，"店主回答道，"你不是想知道这种披风是从哪里来的吗？"

"那你为什么直接看书的最后？"Frank问道，"你难道不应该从目录开始看吗？"

Cloaksworth 终于真心地笑了一回，说道："这几年来，纹章分类学有不少大的突破！"他激动地说道，"曾几何时，我们找东西时都是像你说的那样，先从目录里开始浏览，找到后再翻到相应的页码。当然，翻页的过程是用二分搜索法。

"目录的确可以为书本的内容提供一个索引。但是对于我们现在想要进行的这种搜索来说，目录的整个结构就是错误的。它将书本里面的内容都按出现的顺序列出来了。如果你是想知道每个内容后面紧接着的是什么，那么这个顺序再合适不过了。但是整个王国现在已经有超过一万种披风花纹了！如果按这个顺序，光在目录里面找就需要花费很长时间。

"所以 Amanda Cloakington，我的偶像，也是《披风和纹章学索引》的作者，发明了逆向索引。她将一些重要的词，比如披风的颜色，都在书本最后列了出来。几乎就像另一个目录一样。"

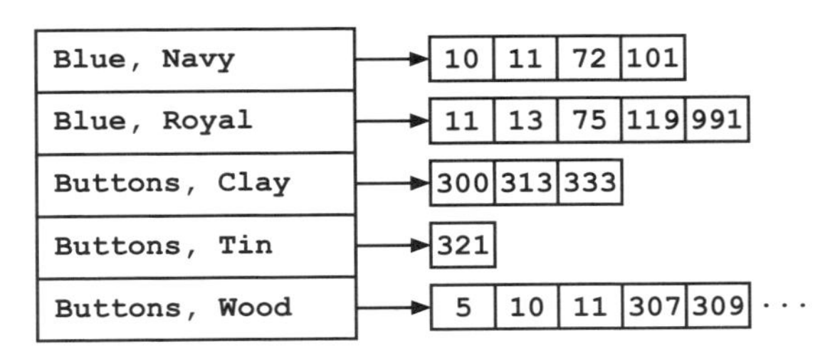

“这有什么用呢？”Frank 问道，“她只是将目录中的信息又重复了一次。”

“是，她的确是在重复信息，但这一次她使用了一个不同的顺序。书本最后的索引是按关键词的顺序排序的。对于每一个词，她列出了它们在书本中出现的页数。”

Frank 看着他，等待着他继续说下去。但看起来店主已经说完了。“所以呢？” Frank 问道。

“你只需要找到你想要找的关键词，就可以在索引中看到需要看的页码是哪些了！”他激动地说，“你不再需要在目录中漫无目的地翻阅，而只需要直接找到你想要的词就行了。”

“但是你还是需要在索引中找你想要的词，不是吗？” Frank 问道。

“的确。但是因为索引是按关键词首字母的字典序排序的，因而你可以用二分搜索。”

“那如果我所找的关键词出现在了很多页上呢？”

“你需要每一页都看一下。”Cloaksworth 让步道。

“那如果你同时在找数个颜色呢？”Frank 问道，“比如同时找三种颜色？”

“哈！这才是索引有趣的地方，”Cloaksworth 说道，“你只需要找到它们所共同存在的页码就好了。可以算出所有关键词所在的页码集合的交集——也就是找到在所有页码集合中都出现过的页码。如果你的关键词足够多，你通常可以把页码的范围缩小到一两页。

“前几天，我在找一件藏青色和品蓝色组合的有木制扣子的披风。这样的披风总共也没有几种。只有一类人会用那种披风——业余天气预报员联盟。其实直到去年，他们一直用的都是藏蓝色和深绿色组合的披风。但半职业天气预报员联盟说这个颜色和他们披风的颜色——藏蓝色和浅绿色——太像了，所以业余天气预报员联盟只能换成了现在这种颜色。”

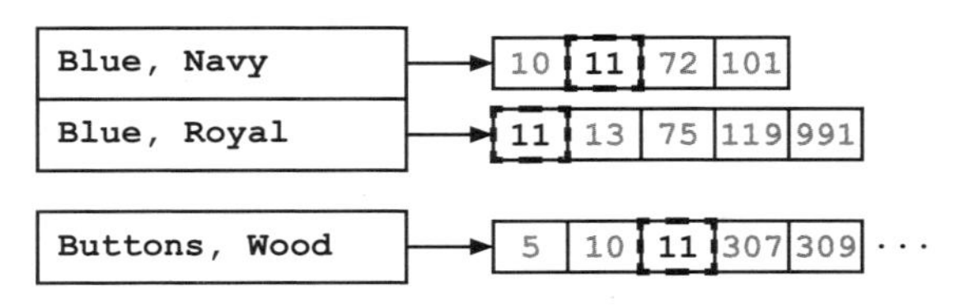

Frank 想了想，点了点头。“有意思！”他说道。他马上就想到了这种逆向索引可以被用到其他类别的信息上面。警局的记录从来都是按日期排序的。利用这种新的方法，就可以同时把它们按犯罪类型或地点来索引。这些索引可以让研究的过程容易太多了。

“你觉得其他书籍也会用这种逆向索引吗？” Frank 问道。

“不太可能，” 店主嘲笑地说道，“世界上没有多少学科能复杂到需要使用索引。不是所有学科都像披风学这么有内涵的。”

他们一边说话，店主一边快速地翻动着书。“警察披风，” 他最终说道，“Bool and Functionia 部门用的是这种颜色，还有几个其他的首都警察部门也是。财务部、薪酬部、记录部和信号部都用的是这个颜色。当然了，他们的图案设计都不同。从线头来看，这个披风是新派发的。警察局的警官都比较容易把披风穿旧，特别是信号部的。”

“你说这是一件新的警察披风？” Frank 确认道。

“几乎肯定是，” Cloaksworth 说道，“因为我不觉得这是私人订制的。这些颜色在20年前还挺流行，但在淡色流行起来后它们就不怎么流行了。真可惜——那个年代有好多美丽的披风。曾经我做过一件骑行时穿的披风，有双层扣子和……”

Frank 打断了他：“关于这个线头，你还能告诉我什么其他的信息吗？”

店主看着他说：“一件被施了咒语的新的警察披风，除此之外……”

Frank 等待着。

“额……没了，” Cloaksworth 最终说道，“全都说完了。”

Frank 点了点头说道：“谢谢！”他拿起那根线头，转身准备离开。在他走出门的时候，他听到店主倒吸了一口气，Frank想，店主肯定看到他披风尾部那被磨烂的边缘了。

警用算法导论：逆向索引

节选自 Drecker 教授讲义

逆向索引是计算中要用的一种数据结构，它和书的索引类似。对于每一个值，逆向索引可以告诉你这个值在数据中的哪些地方出现过。如果一个值会在数据中反复出现，这一点就格外有用。

想想我们在讲二分搜索的时候用到的一个例子——在一个账本中查找和一个特定商人进行的所有交易记录。账本上的记录是按交易编号从小到大排的，也就是按交易时间从早到晚排序的。

101	August 16	Zed's Coffee	8.00
102	August 15	Bob's Pizza	20.00
103	August 15	Wands and More	150.00
104	August 15	Spell Shoppe	100.00
105	August 16	Zed's Coffee	8.00
106	August 16	Spell Shoppe	50.00
107	August 17	Zed's Coffee	8.00
108	August 17	Hospital	250.00

在知道交易编号的情况下，这种排序可以让我们很快找到交易记录，但它并不能帮助我们找到与某个特定商人进行的所有交易。当然，我们可以按照商人的名字重新排序。但这样做的工作量很大，因为这意味着我们需要重新做一本账本。

我们可以建立一个额外的数据结构：一个以商人名字作为

关键词的逆向索引。对于每一个商人，我们可以在索引中存下所有相关交易的编号。因为我们已经可以从编号很容易地找到交易记录，所以这个额外的索引就可以让我们很容易地找到与某个特定商人相关的所有交易记录了。

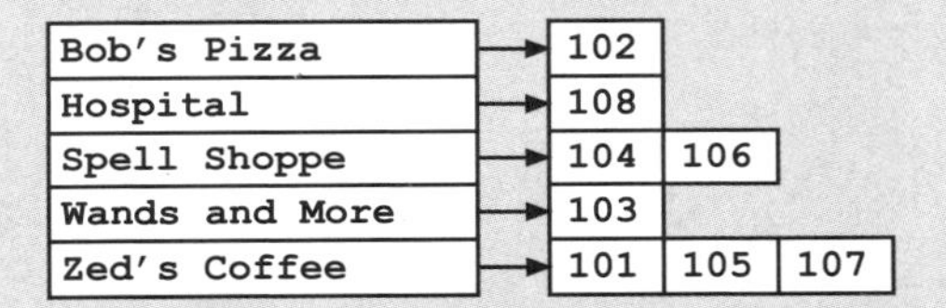

逆向索引是一个很典型的需要在运行时间和内存占用两者之间取舍的例子。添加一个逆向索引会占掉更多的内存，但它也让我们在一个新的维度上进行搜索的效率得到了极大提升。

— 17 —

二叉搜索树陷阱

在距离 Cloaks and More 店不到一个街区的地方，Frank 注意到有一个女人在跟踪他。即使十分恼怒，Frank 也不得不承认她的跟踪技术很好。她一直走在街对面，在 Frank 后面至少 30 英尺的地方，她还时不时地通过商店窗户上的反光来观察 Frank。并且她穿了一件没有任何特点的深绿色披风，这种颜色的披风在街上随处可见。

Frank 突然停下来，弯下腰，假装自己在系鞋带。这是两种最常见的识别跟踪者的方法之一。另外一种则是突然向一个随意的方向快步走去，看看有谁会跟上来。虽然可能后者更加有效，但系鞋带这个动作动静更小，而且更重要的是，不需要人跑动。

跟踪者向前走过了 Frank，却在前方十英尺的地方停了下来。她看起来仿佛在看一家玻璃透亮的商店里卖的卷心菜。

Frank 站了起来，转身向反方向走去。过了半个街区，他横穿马路，愤怒的驴车驾驶员对他大喊大叫，Frank 完全无视了他。Frank 走到了马路的另一边，也就是跟踪者行走的一边。他随即向一个小巷中走去。一走进小巷，Frank 便停了下来，开始等待。

当跟踪者匆忙跑过转角的时候，她几乎撞到了 Frank 身上。

“嗨，”Frank 说道，“你为什么要跟着我？” 他尽量让自己的语气平淡一些，但这在平时都是不可能的，这次虽然他没有尖叫，但语气还是像低吼一般。

职业密探一般都会花很长时间来计划如果被发现了该如何应对。他们有一大堆故事，用来在各种场合下圆场。他们甚至可以解释自己为什么会带着窃听装置和假乌龟出现在皇家宫殿中。他们的梦想就是能在这种情况下通过谎言来顺利过关。但现实一般不会如此顺利——他们经常会在意想不到的时候被发现。就像现在，Frank 就希望能出其不意地抓住她。

但跟踪者异常专业，一点都没有紧张或者惊讶的迹象。她脸上露出了一丝愤怒，随后她丢下一颗烟雾弹，消失了。

就算她不丢烟雾弹，Frank 也不可能追上她。在 Frank 反应过来准备去抓她的时候，她已经在街上跑远了。Frank 咒骂了一声，穿过烟雾开始追她。

追了不到半个街区，Frank 决定开始用深度优先搜索算法。这种情况下，密探一般都会尽快离开主路，试图逃离被追者的视线。大多数时候这都是一个很好的策略，但在这块儿几乎没有什么岔路的街区却明显行不通。

Frank 边跑边将身边的街道想象成一个图。岔路口和死路的尽头是这个图上的点，而连接它们的路则是连接一个点与另一个点的边。

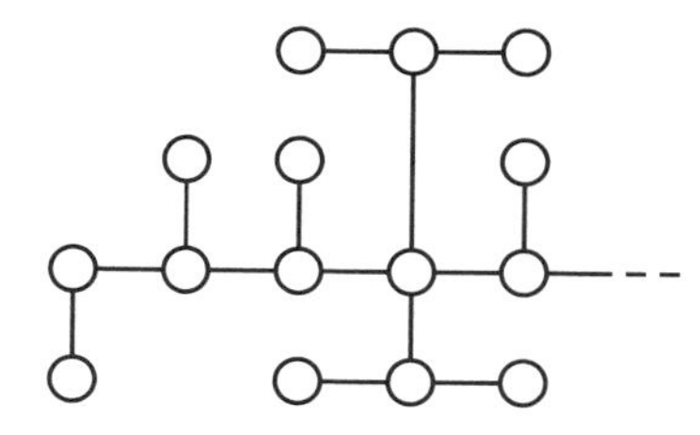

快速计算了一番后，Frank 意识到在他被落下太远之前，他只来得及搜索五六条岔路。这也是用深度优先搜索算法来追人所固有的缺陷。

Frank 搜索完前两条街时一无所获。其中最像犯罪行为的便是一群孩子们在墙上涂鸦，他们用一根烧焦的木棍在墙上写了 “递归之队”和“递归永恒” 。Frank 继续他的搜索。

又搜索过几条死路后，Frank 正想着放弃，此时他在泥地中找到了一串通向一个打开的下水道口的脚印。他一边靠在墙上试图调整自己的呼吸，一边想着眼前的下水道肯定是她逃走的路。

Frank 望向漆黑的下水道内，但什么都看不见。他爬进下水道，落在了一个木制平台上。他一边弯下腰，尽量让自己暴露的面积变小，一边巡视着这个房间。他所在的平台是固定在石墙上的，而它的下方是至少50英尺高的一间房子。唯一的一丝光是从头顶的下水道口照进来的，像一个位于远处的聚光灯一般。他看到那个密探从光照亮的椭圆形中跑过，跑向了对面的那堵墙。现在Frank已经被她甩掉很远了。

Frank 思考着该如何选择。在他下面还有其他的平台，互相之间有20英尺的距离，并以铁梯子连接着。当他注意到地板上嵌着的黄铜标签时，他忍不住咒骂了一声：他现在正站在一个二叉搜索梯的顶端。

二叉搜索梯最先是由 Alena Branche（一位奇异艺术馆馆长）为了整理自己的藏画而设计的。它们本质上就是一个巨大的二叉搜索

树 —— 一种为了高效查找而设计的数据结构。整个结构像一棵巨大的上下颠倒的树，而最上方的一个平台叫作根节点。从每一个平台向下都会分出最多两个梯子，而每一个梯子则通向另一个子节点，也就是下一层的另一个平台。整个结构在向下的过程中不断地分叉，使得整个结构中有着很多不同的路径。

作为一个追求细节的狂热分子，Alena 原本是用这个结构中描绘的叶子数量来整理她的藏画的。她的整理方法很简单：对于任何一个平台来说，其所存放的画中描绘的叶子数量，一定多于其左下方梯子通向的平台（左子树）中的画中描绘的叶子数量，且一定少于其右下方梯子抵达的平台（右子树）中的画描绘的叶子数量。这样你就可以从顶端开始选择路径找到含有特定叶子数量的画。

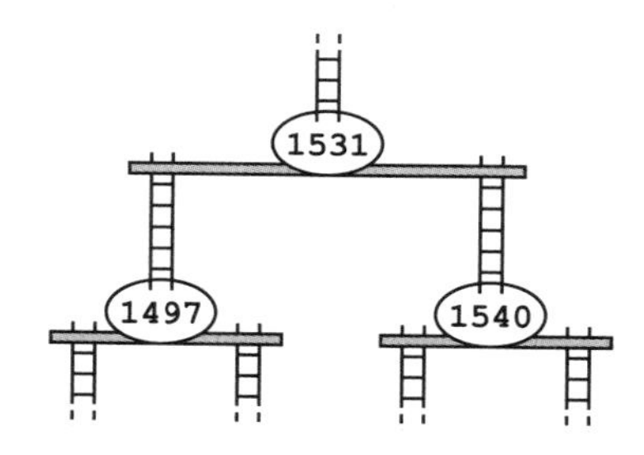

不幸的是，这种二叉搜索梯在艺术领域一直都未曾流行起来。这也许是因为它们体积太大了，而且还需要人不停地爬上爬下。不过很快它们就被犯罪分子们利用了起来。二叉搜索梯陷阱这种危险的东西是初级巫师 Katia Ladderfell 在为 Vinettee 集团卖命的时候发明的。Katia 在每一层上放了一个数字标签，需要知道密码才能安全地通过这棵树。在设计这棵树和放置标签时，他延续了二叉搜索树的特性——一个节点的左子树中的数字一定会比当前数字小，而它的右子树中的数字一定会比当前数字大。在这棵被变成武器的二叉搜索树中，只有一条路是安全的，这条路便是通向最底层写着密码的那个节点的路径。如果你知道密码的话，你可以一层一层地从上到下去找这个数字。到达每一层时，你可以比较密码和当前数字的大小，从而决定是往左下方还是往右下方走。因此，Vinettee集团的恶棍们只需要记住一个密码就行了，而不需要记住一大串左右的选择。由于这群恶棍们大多不太聪明，所以这一点对于 Vinettee集团格外重要。

如果你不知道密码而选择了错误的梯子的话，你就会触发一个机关。有时候这些机关是致命的，而有时候却只是吓你一下而已。一些常用的机关有：诅咒之梯、毒蜘蛛、从上面掉下的石头、飞镖和在空中摇晃的刀刃，还有时候选错梯子的人会受到一个魔法咒语的辱骂，辱骂他的外表、气味或智商等方面。

上一次 Frank 面对 Vinettee集团的二叉搜索梯时，一个恶棍告密者告诉他密码是 10。那一次 Frank 得以悄悄地来到他们的藏身点，并抓住了三个 Vinettee集团的人，只有 Rebecca Vinettee逃掉了。

要是他知道这个陷阱现在的密码的话，也许他还有机会抓住那个密探。

Frank 头脑中闪过了一串思绪。首先，Vinettee集团会不会重复利用密码？他们的恶棍一般都很蠢，Frank 不觉得他们可以记住很多数字。其次，由于现在已经没有多少邪恶巫师，这个二叉搜索梯一定有些年头了。在 Exponentious 巫师造反失败后，那些邪恶巫师们要么被改造了，要么躲起来了，就连 Katia Ladderfell 都逃到了一个小镇上，开了一个叶子农场。由于站在如此高的地方，Frank 的腿已经开始有点发抖了。

Frank 看了看脚下的根节点的平台上的标签，上面写着 50。如果他想的没错，Vinettee集团用的还是同一个密码的话，因为 10 小于 50，所以他应该往左下方走。

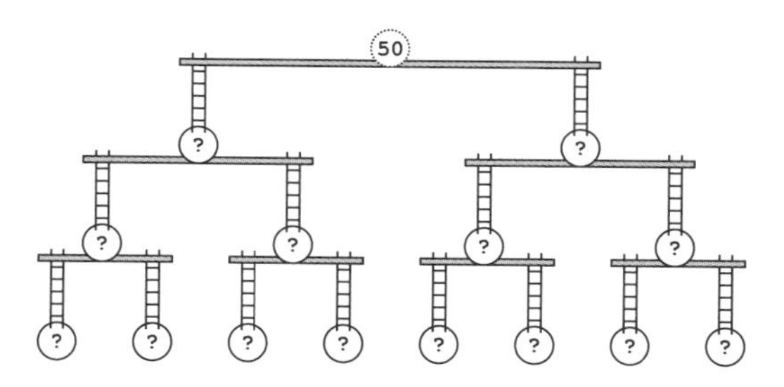

Frank 担心地咒骂了几声，由左边的梯子向下爬去。这一路十分顺利：没有蜘蛛，没有刀刃，甚至连侮辱人的脏话都没有。

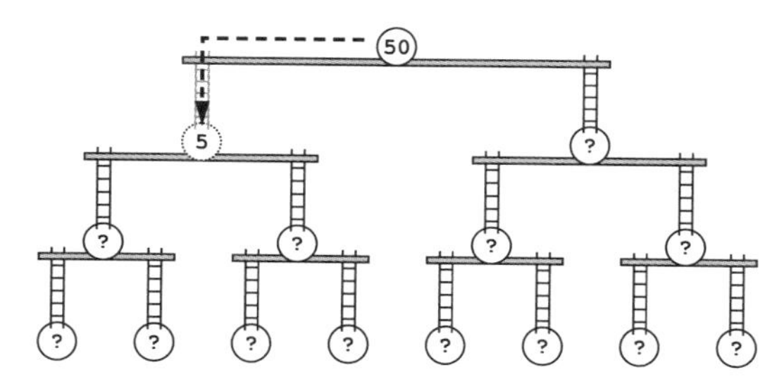

在下一个平台上，Frank 找到了一个写着 5 的标签。由于 10 大于 5，他需要向右边走下去。他越来越自信，一下跳到了右边的梯子。看来有的时候把敌人想得蠢一些是没错的。

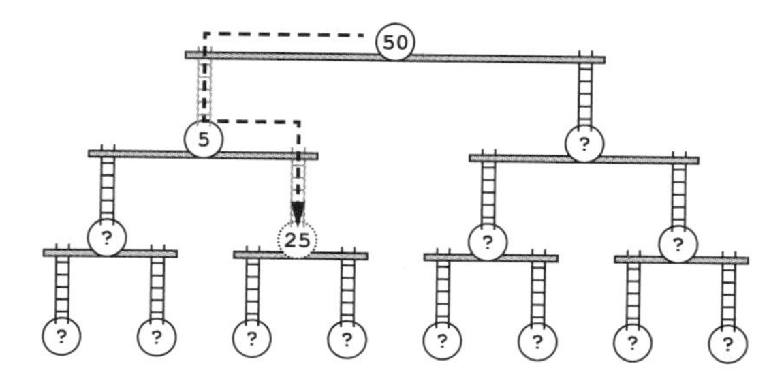

下一个平台离地面只有一层，也就是 20 英尺了。Frank 看到标签上写着 25，便立刻往左边走去。

当他意识到有些不对时，他已经爬了一半了。他听见了一声吱吱的声音，同时他左脚下的那根横杆开始晃动了。他向下看时，正好看到横杆撞上了附近的一截铁棍，而他的左脚则被夹在了两者之间。他惊讶地叫了出来，眼睁睁地看着那节铁棍不断地上下移动。而铁棍每动一次，他的脚就又感到一阵疼痛，简直就像是梯子在咬他的脚一样，他甚至可以感受到脚下的金属梯子在慢慢长出牙齿。

趁梯子还没有开始咬他的手，Frank 毫不犹豫地跳了下去。由于脚还在因为之前被咬而疼痛，他非常笨拙地落到了地上，前后趔趄了几步后才稳住。

他不由自主地转了一圈，随即看向梯子下面的标签，上面清楚地写着 10——他走的路是正确的。但随即他注意到了附近的地板上用粉笔写的一行小字："不要使用。密码改了。" Frank 顿时继续开始骂了起来。

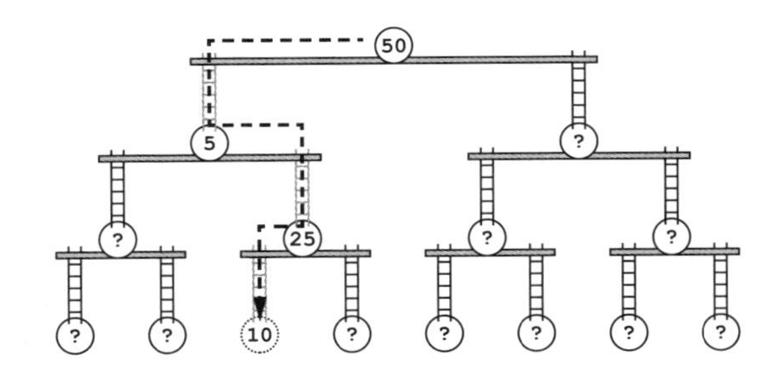

警用算法导论：二叉搜索树 I

节选自 Drecker 教授讲义

二叉搜索树是一个数据结构，它储存信息的方式和二分搜索中使用信息的方式类似。树中的每一个节点存放一个值，并且每个节点最多有两个子节点：一个左子节点和一个右子节点。节点的位置根据其中存放的值的大小来定。所有左子节点和它的左子节点中存放的值都比当前节点中的值小；类似的，所有右子节点和它的右子节点中存放的值都比当前节点中的值大。

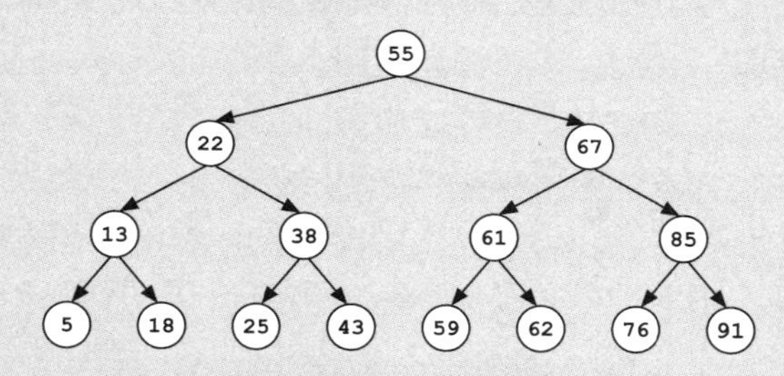

要高效地在二叉搜索树中查找一个值，可以从最上面的节点（根节点）开始往下查找，每查找一步就比较要找的值和当前节点的值的大小，以决定是该向左查找还是向右查找。如果要找的值比当前值小，我们就向左查找：

而如果要找的值比当前值大，我们就向右查找：

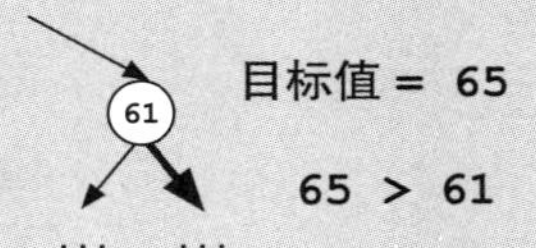

当我们找到要找的值，或者遇到一条死路的时候，搜索就结束了。如果我们遇到了一条死路，就可以确定我们要找的值在树中并不存在。

如果对于每个节点，其左子树中的节点数量都和其右子树中的节点数量一致，我们就可以说这个二叉搜索树是完全平衡的。在这种情况下，如果我们将树中的节点数量翻倍，整棵树的高度只会增加 1。

这种搜索的计算量与目标值在树中的深度是成正比的。位置越深，我们需要进行比较的次数就越多。

— 18 —

建造二叉搜索梯

“没想到我们会换密码吧，Runtime 先生？” Frank 听到身后的一个声音问道。

Frank 转过头去。眼前的那位密探正从容不迫地向他走来。Frank 试图站起来，但他的脚却疼得要命。最终，他还是坐在了地上，转过身去看着她。

“我没想到 Vinettee 集团居然有能力换密码。” Frank 承认道，“这年头想要找邪恶巫师都很困难了。我听说撑到最后的邪恶巫师现在都开始卖椰子了。”

“的确很困难。很多邪恶巫师都逃跑了，或者改行从商了。但想找到一个也不是完全不可能。总之 Vinettee 集团找到了一个愿意帮助他们，但同时也有求于他们的巫师。”

她向梯子的方向挥了挥手，说道：“当然，在建造二叉搜索梯陷阱上他并不像 Katia 那么有天赋，Katia 在这方面简直是一个艺术家。不过他的能力也足够了。

“其实你差一点就走对了。你只走错了一个梯子。现在的密码是 26。因为我们不想让他改动太多的梯子，只改动一个，让我们可以抓到那些试图用旧密码的人就够了。真可惜。”

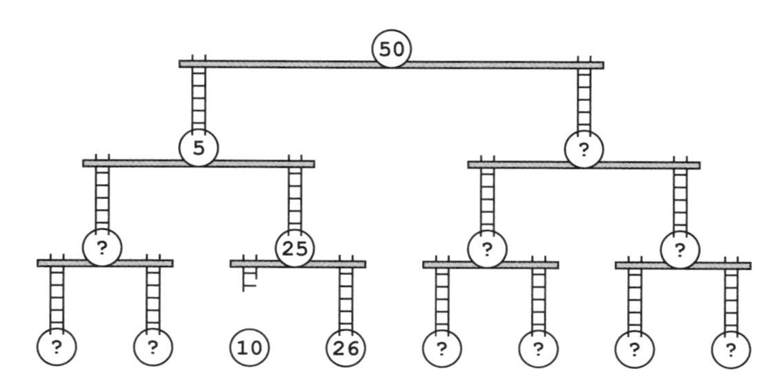

Frank 在她说完之前一直保持着沉默。然后他问道：“你是谁？”

“我的名字并不重要。我是帮 Vinettee 集团做事的。”

“一个密探吗？”

她耸了耸肩：“我只是搜集信息的人。你叫我什么都行。”

“那你想从我这得到什么？”

“当然是想让你别多管闲事了。”

Frank 仔细思考了一下。要让自己放弃追查，仅仅让梯子咬自己的脚很明显是不够的。眼前的密探显然也知道这一点，所以看来她要么会杀掉他，要么会将他关起来。虽然这两者都不怎么理想，但Frank 终归还是希望自己不要被杀掉。

那个密探似乎看穿了他的想法，说道：“我本来以为二叉搜索梯陷阱已经足够让你放弃了，但现在看来这还不够。” 她走向 26 对应的梯子旁边的那

个梯子，并用手掌击打了梯子的一截，梯子发出一声闷响。紧接着她又击打了梯子两下，砰！砰！又是两声闷响。

“再见了，Runtime 先生。”她说道，然后便目不回望地走了。

Frank 疑惑地望着她走远。紧接着，他的余光注意到一丝动静，定睛一看，梯子上的三根铁横杆掉了下来。过了一会儿，那些杆开始嘶嘶地向他蠕动——它们原来是铁蛇。

Frank 迅速地动了起来。那些铁蛇虽然很危险，但它们爬得很慢。如果他能成功到达 26 号梯子那儿的话，他就还有救。由于他的脚依然很疼，他只好用手和膝盖爬行着。接着，他用手拉着梯子让自己站起来，并用身子靠在那个金属梯子上。毫无疑问，爬上去的过程将会非常痛苦。

现在铁蛇距离他只有几英尺远了。

Frank 恼怒地嚎叫了一声，起身爬上了梯子。其实那更像是在跳跃而不是在爬，因为他需要用那只未受伤的脚让自己跳起来，然后再用双手抓住上一级的梯子。每一步都伴随着他左脚的一阵疼痛。

Frank 终于爬了上去，他瘫在了 25 号梯平台上。他一边躺着调整自己的呼吸，一边咒骂着二叉搜索梯，简直无法想象自己曾经还觉得这种数据结构很美丽很优雅。之前在警察学院的时候，Frank 还专门去过 Alena 办的几个展览，而且他还去看过全世界仅有的一次二叉搜索树表演。

那场表演的名字叫“建造梨子”。Alena 让三个巫师现场用魔法建了一个二叉搜索梯，将一堆藏画按照其中梨子的数量整理和展示了出来。当年以梨子为中心的静态画非常流行。有人觉得这可能是因为那年苹果的收成不太好。虽然对梨子的这种狂热不及下一年对吐司雕塑的崇拜那么令人尴尬，但是在现在的艺术史课上，这段历史也只是会被老师们带有一丝厌恶地匆匆带过。

接着，七个助手一人拿着一幅画着梨子的画走进了展览厅。他们按照画中梨子的数量由少到多站好。每个人都将手中的画举在自己的脸前方，以掩饰自己对梨的狂热。

第一个巫师上前了一步，他找出了最中间的那幅画。那幅画中画着一张木桌，上面放了一杯牛奶和8个梨子。

“树根上升！” 那位巫师叫道。那一排画便立刻分成了三组。左边组里的画中的梨子数量都小于8，而右边组里的画中的梨子数量都大于8，浮在这两组上方的便是这个二叉搜索树的树根。这位巫师已经建好了这棵树的第一层分支。

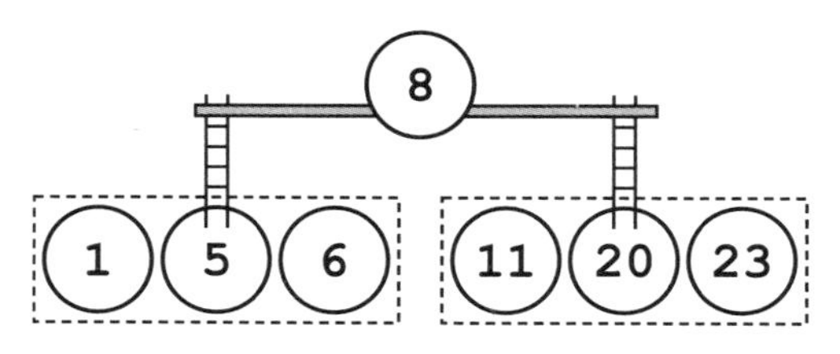

接下来，另外两个巫师分别递归着分割了两边的画，过程与之前一样：每个巫师选出一堆画中最中间的那个，并将剩下的画分成左右两份。随着他们的划分，树也就长出了新的分支。

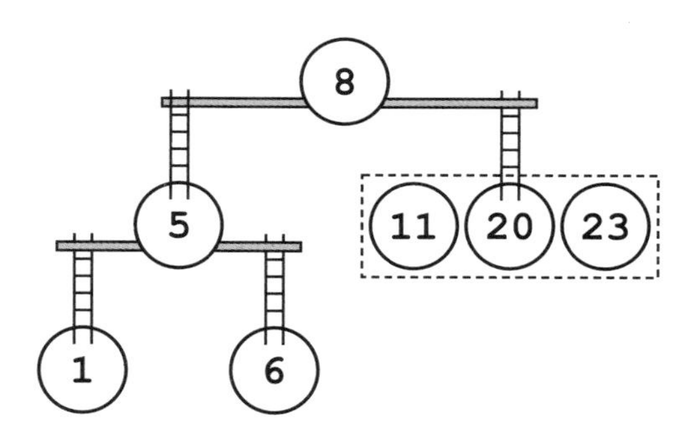

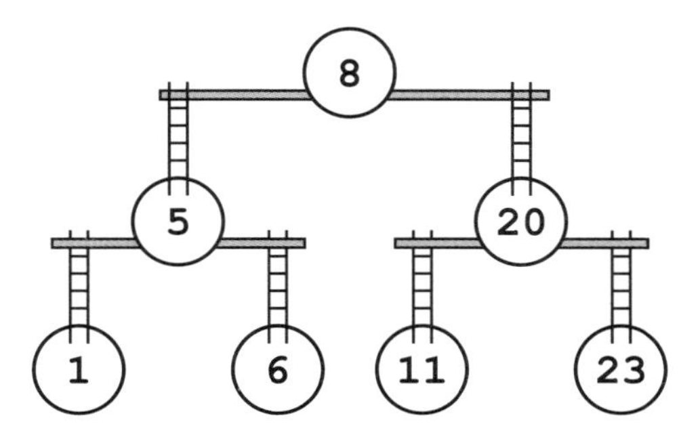

在当时，整个表演看起来棒极了。但现在，坐在已经被变成武器的二叉搜索树上面，Frank 觉得这整个想法实在太愚蠢了。他简直无法理解当时他为什么会觉得这种递归分割画的方式很有美感。

耳边的嘶嘶声将 Frank 的思绪带回了现实。一条铁蛇的头爬上了平台，正在寻找 Frank。眼前的蛇其实只是一条会动的铁栏杆，它们没有眼睛，没有鼻子，也没有嘴巴。Frank 很不能理解它们到底是用什么来寻找的。也许它们能感应到震动？

他想把蛇踢下去，但最终决定不这样做。因为铁蛇虽然并没有嘴巴，但毒性却难以置信得大。

Frank 决定继续撤退。他走到了上一层梯子旁边，并将自己拉了上去。这时候他的脚踝已经没有那么疼了，所以他得以以一个正常的姿势来爬这截梯子。

Frank 一直向上爬着。一会儿便回到了顶层写着 50 的那层平台。

他定了一会儿神儿，心中再一次开始咒骂二叉搜索梯。虽然没有任何具体的理由，他现在坚信二叉搜索梯是一个愚蠢的设计。Frank 满意地点了点头，爬回了街道上，逃离了那些铁蛇。

警用算法导论：二叉搜索树 II

节选自 Drecker 教授讲义

你可以从一个排好序的数组中创建出一棵二叉搜索树。你只需要不断递归地将所有元素划分成更小的集合。在每一层中，选择最中间的那个元素作为那一层的节点。如果元素个数为偶数，那么随意选择中间两个元素中的一个就行。

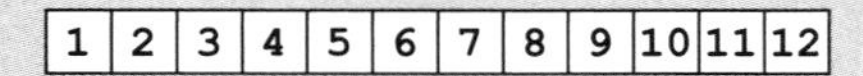

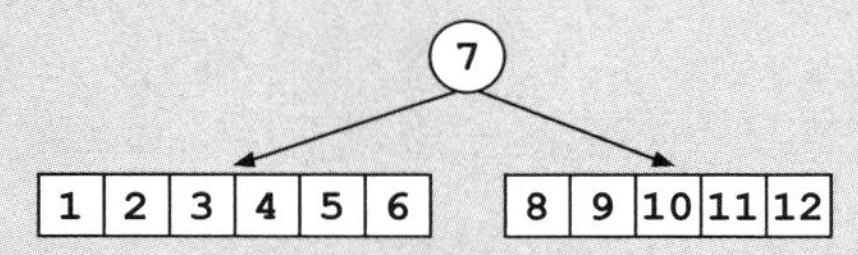

创建好根节点之后，可以用同样的方式来分割左边的元素和右边的元素。从概念上来说，我们将排好序的数组分成了左右两个数组，并将同样的算法作用于它们上面。

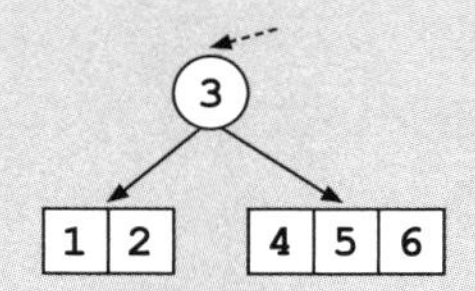

但实际在建造这棵树的时候，我们不需要真正去分割或者复制这个数组。整个算法可以只使用一个数组，我们只要记录好当前分支中最小和最大元素的下标编号就好了。

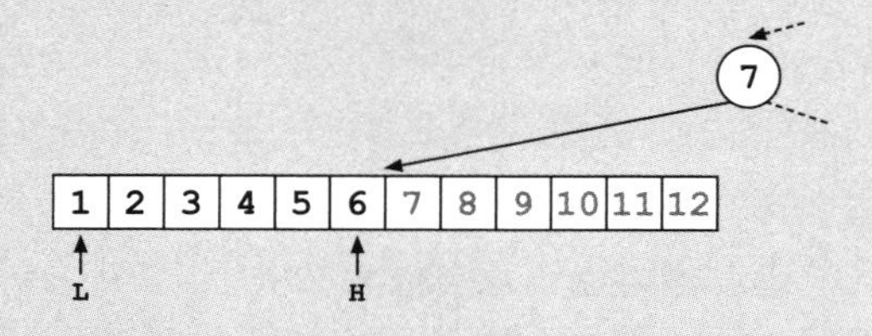

— 19 —

疑犯的二叉搜索树

Frank 踉踉跄跄地走回了自己的办公室，Socks 正在那儿等着他。这位年轻的巫师坐在 Frank 的椅子上漫无目的地转着。Frank 盯着 Socks，直到他意识到了自己的错误才罢休。Socks 低声地道了歉后，从椅子上跳了起来。

“你找到什么了？” Frank 问道。

Socks 耸了耸肩说道：“没有什么有用的。”

“什么都没有？” Frank 问道。

“那些巫师都没有听说过有什么新的联盟，” Socks 迅速地补充道，“最后一个成立的巫师联盟是魔法甜品商联盟，是去年为了应对那些次品薄荷而成立的。还记得那些餐馆中的小软粒吗？一开始吃起来还觉得它们像薄荷，但在接下来的六个小时里都会觉得自己吞下了松针。简直就像有人在做恶作剧一样。魔法甜品商联盟解决了这些薄荷的问题，然后便开始做关于巧克力和咖啡的勾当。这个联盟拥有六个甜品店和四车的……”

“没什么别的了吗？”Frank 打断道。

Socks 摇了摇头说道：“我还询问了关于俱乐部和联合会的事情，” 他说道，“唯一新成立的便是 Babbageville 巫师保龄球联合会，但它只存在了不到一个月。显然 Babbageville 没有多少喜欢打保龄球的巫师。”

Frank 叹了口气。他本来也没有指望能从 Socks 的调查中得到什么有用的消息，但这么彻彻底底的一无所获还是让他有些失望。

“你呢？” Socks 问道。

“嗯，” Frank 回答道，“我找到了一个新的线索。”

“真的？是什么？”

Frank 还没来得及回答，Notation 警官就抱着一大摞本子走进了办公室。她走到了 Frank 的桌子前，并将那一摞本子砸在了桌上。桌子在重压下都有些下沉了。

“过去一年的所有调职和分派记录，” 她气喘吁吁地说道，“现在你能告诉我为什么要我去找这些了吗？”

“我们需要找到一次调职的记录。”Frank 说道。

“我猜到了，”Notation 说道，“但如果你告诉我要找的是什么，我可以就在那里找而不必都搬来。”

“我并不知道是哪一次。”Frank 解释道，这句话半真半假，因为即使他知道，他还是会让 Notation 把所有的记录都拿回来。他需要在搜索的时候在场，他需要确保没有东西被遗漏了。

“好吧，”Notation 说道，“我们在找什么？”

“我们要找所有 50 天到 70 天前的可疑的调职记录，” Frank 说道，那些日子大致是监狱里找到的账本里面被撕掉的那些日期，“这是一个区间查找。我们需要找到一个日期区间内的所有调职记录。”

Notation 呻吟了一声说道：“这些记录是按人员原来的分配地址排序的，如果地址相同，就会按警官姓名排序。它们并没有按照日期来索引。我们需要一个个地去看每一条记录，这需要花上好几个小时。”

“不，并不需要，”Frank 说道，“因为我们可以用魔法去找。”

Socks 惊讶地抬起头。“魔法？”他问道，“我不知道任何区间查找的魔法。”

“你知道二叉搜索树。”Frank 回答道。

“我是一个二叉搜索树的专家，” Socks 同意道，“但我不知道这有什么用。”

“我们可以建一棵调职申请的二叉搜索树。每个点的值便是调职申请日期到今天之间的间隔天数。接下来我们就可以在树上做区间搜索了。”

“在树上做区间搜索？” Socks 问道。

“为什么还要用一棵树？” Notation 问道，“如果我们只需要做一次搜索，建树所花的时间比浏览一遍花的时间还要长。”

Frank 耸了耸肩说：“我觉得我们还会需要做其他搜索的。如果 Socks 用魔法把这棵树建出来，我们就可以搜索多次了。”

“但我不知道如何做区间搜索啊！” Socks 抗议道。

“你先把树建出来。我会告诉你怎么搜索。”

“好，” Socks 说道，“这需要一些时间，我只习惯用buttons来建树，现实中真正存在的buttons。我还从来没有用它来整理过信息。我需要更改一下我的咒语。”

Socks 趴在 Frank 的桌上，在一张羊皮纸上写着更改后的咒语，这时 Notation 直截了当地问 Frank 道：“到底发生什么了？”

“没什么。”Frank 说道。

“你就算了吧，” Notation 生气地说道，“自从去了监狱之后，你就在隐瞒着什么。为什么我们需要查调职记录？你为什么之前从来没有提到过这个？你们到底发现什么了？”

“我都说了，只是我的直觉。”

“我不信。你在对我隐瞒什么？”

Frank 没有回答。

“改好了，” Socks 说道，“至少我觉得改好了。我们过一会儿就知道了。”

Socks 转向了那一摞本子，开始念咒语。他对着那堆纸夸张地挥舞着手臂。突然一下，一个巨大的二叉搜索树出现在了空中。每个节点都写着一次调职申请的日期距离目前的天数。那些节点都浮在空中，之间被蓝色的线连着。

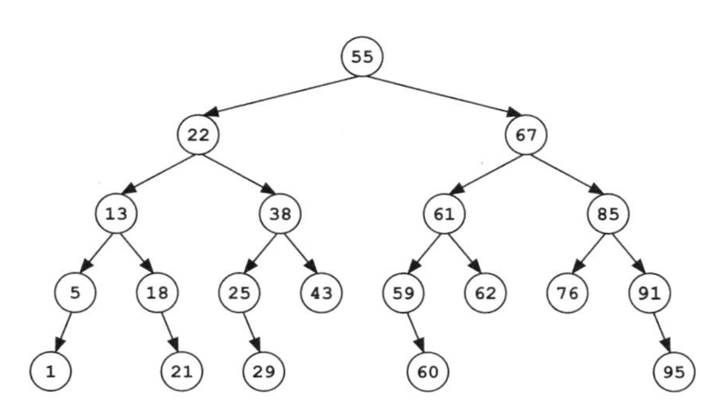

“现在我们来进行区间搜索。”Frank 说道。

“我之前说过，我不会……” Socks 说道。但 Frank 挥手制止了他。

“我们用一个改编版本的深度优先搜索，” Frank 解释道，“从最上面的节点开始，由上到下地查找。”

“怎么查找？” Socks 问道。

“对每一个节点都进行三个步骤的操作。首先，你看这个节点本身是不是在区间里面。如果是，比如这里的 55 天在区间里，我们就将它加入到结果中。否则就忽略它。”

“等等，” Socks 说道，“我给我们找到的结果标上另一种颜色好了。深绿色怎么样？”

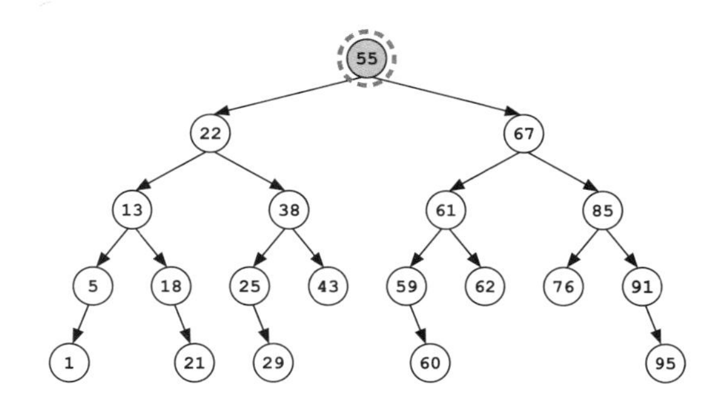

“好。随便你，” Frank 回复道，“在检查完当前节点后，再看看我们是否需要往两个子节点里面探索。如果需要就递归探索左右两个子节点。当然，只有在一个子节点里面的范围可能和我们要找的范围重合时才需要递归探索那个子节点。”

“递归探索？” Socks 问道。

Frank 等着，想看看 Notation 会说出什么样的学术定义。但她却异常地沉默。Frank 叹了口气，解释道：“递归的意思是将同样的算法作用于一个子问题上。在我们的问题中，我们将同样的搜索算法作用于子节点上，就是以同样的方法去检查它们。

“我们只需要检查一下我们需不需要探索子节点。如果需要的话，就用同样的算法去检查它们。我们可以很容易地比较当前点的值是否在我们要找的区间里。如果当前点的值比我们要找的区间中的最小值还要小的话，就可以知道所有在其左子树中的值都不在我们要找的区间里。因此可以跳过那一个子树。反过来，如果当前节点的值比我们要找的区间中的最小值要大的话，我们就需要继续在其左子树里面搜索。

“对于右子树也是同样的道理。如果当前点的值比我们要找的区间中的最大值还大的话，我们就可以跳过右子树。否则，就需要继续向右子树里面搜索。

“现在我们要找的区间是 50 到 70。对于这个节点55，由于其左子树中的值最大可能是 55，所以其中的点可能会落在我们要找的区间中，所以我们需要去探索左子树。右子树里面的值可能会大于 55，这也和我们要找的区间有重叠，所以我们也需要探索右子树。我们先从左子树开始。

“现在的节点上显示的是 22 天，” Frank 继续说道，“我们不需要将它放进结果列表。并且，因为所有在它左子树里面的值都会比 22 小，因此我们也不需要去检查它的左子树了。”

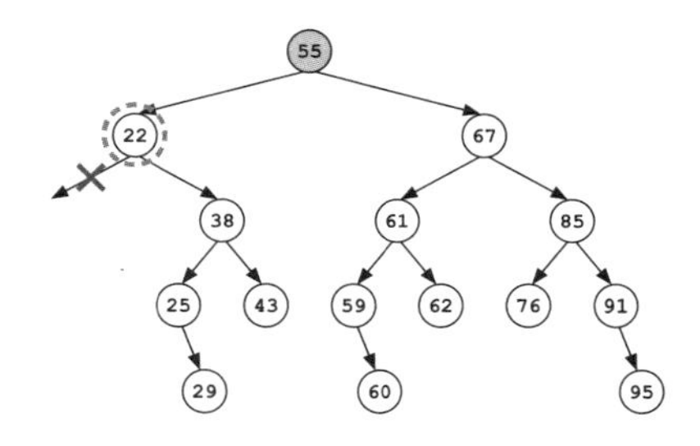

“我们把这种情况叫作搜索中的剪枝[1]，” Notation 补充道，

1 剪枝，这是一个很形象的说法。在搜索算法优化中，就是通过某种判断，避免一些不必要的遍历过程。简单说就是不用去遍历每个节点，形象点说就是剪去了搜索树中的某些肯定不需要考虑的“枝条”，故称剪枝。——译者注

“因为这就像从一棵树上面砍下了一个分支一样。”

当 Frank 看向她的时候，她想起来她不应该和 Frank 说话，便又沉默了。

“所以我们只要探索右边的分支就好。”Frank 说道。

“递归着探索！” Socks 补充道，听起来他简直太欢乐了。

“对，递归着探索，” Frank 冷淡地同意道，“现在的节点上是 38 天。同样的，我们不需要将它加到结果列表中，并且我们也可以跳过它的左子树。”

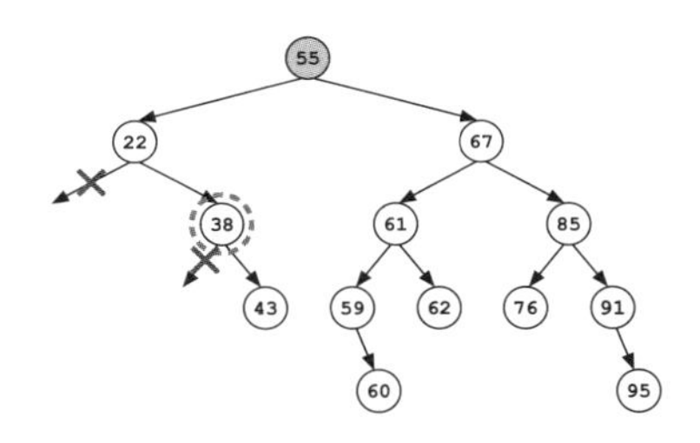

“但我们需要递归探索它的右子树。”Socks 说道。看起来他挺享受这个新的算法。

Frank 点了点头。

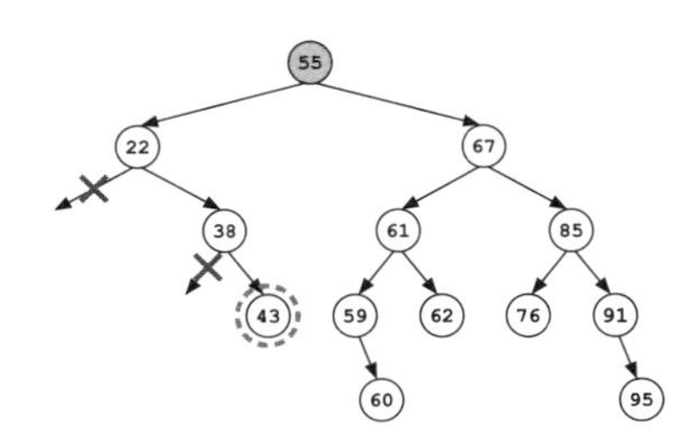

下一个点没有子节点了。它已经是一条死路了。

“现在呢？” Socks 问道。

“和深度优先搜索一样，”Frank 说道，“我们倒退，并且选择之前还没有探索过的路线，直到我们将整棵树都搜索过了为止。因为我们一路上剪掉了很多分支，所以我们需要一直倒退到根节点。”

搜索接着在根节点的右子树里开始了。被找到的新记录被加入了结果列表，不合适的分支被一个个剪掉，而合适的分支则被递归地探索着。

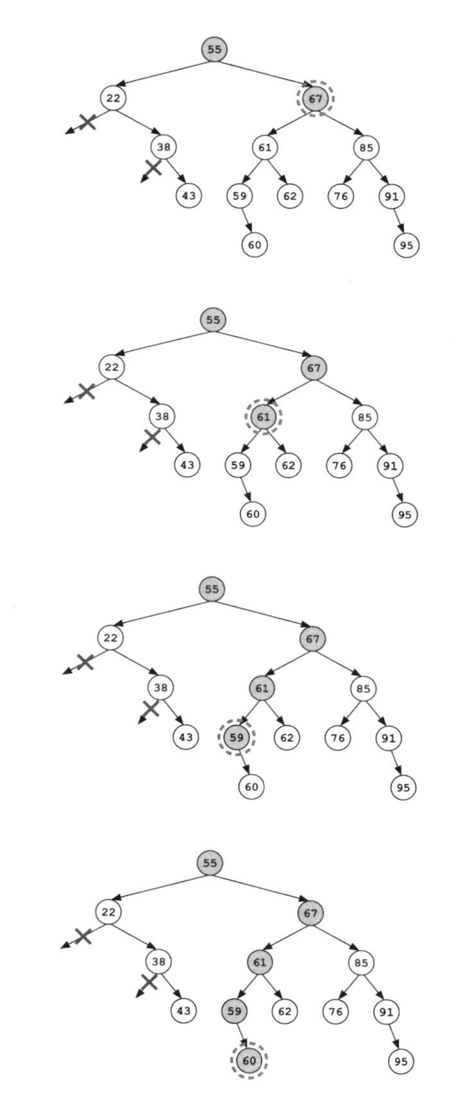

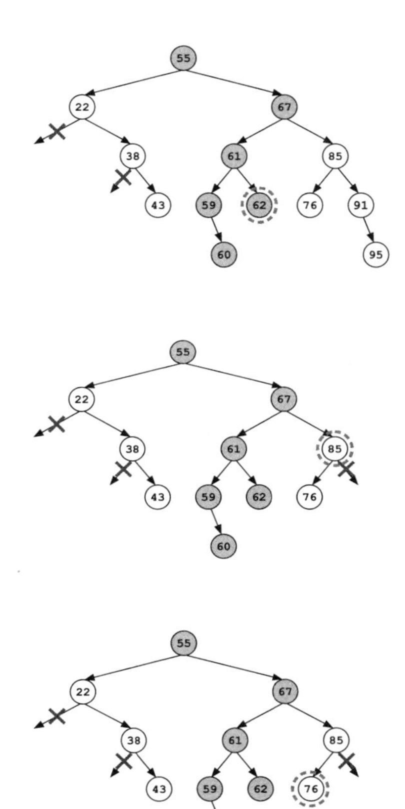

最后他们找到了几条符合条件的调职记录。Frank 仔细地研究了找到的结果，试图找出任何可疑的地方。

“什么都没有，” 他难以置信地低吼了一声，“这里面什么都没有！”

警用算法导论：二叉搜索树 III

节选自 Drecker 教授讲义

在二叉搜索树上进行区间查找和查找一个元素类似。算法从最顶端的根节点开始，一路递归着搜索整棵树。它根据以下三个条件来对在每一个节点做决定：

1. **当前节点应该被算在结果中吗？**如果当前节点在要找的区间内，我们就应该将它加到结果列表中。
2. **应该探索左子树吗？**如果当前节点有左子树，并且当前节点的值大于区间里的最小值，我们就应该递归探索它的左子树。因为这种情况下，它的左子树可能包括区间内的值。
3. **应该探索右子树吗？**如果当前节点有右子树，并且当前节点的值小于区间里的最大值，我们就应该递归探索它的右子树。因为这种情况下，它的右子树可能包括区间内的值。

使用二叉搜索树来做区间搜索的优势在于，可以通过剪去大量不可能包含要找的值的分支来减少计算量。

考虑如下的二叉搜索树：

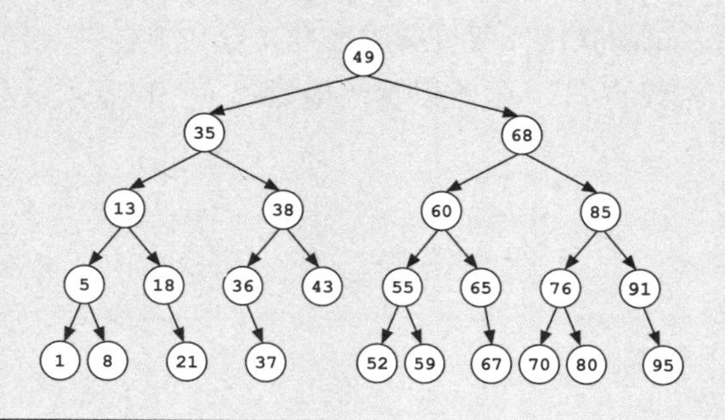

如果想找在区间 [8, 20] 内的所有值，你只需要访问全部 25 个节点中的 7 个（被访问的节点被标上了阴影）：

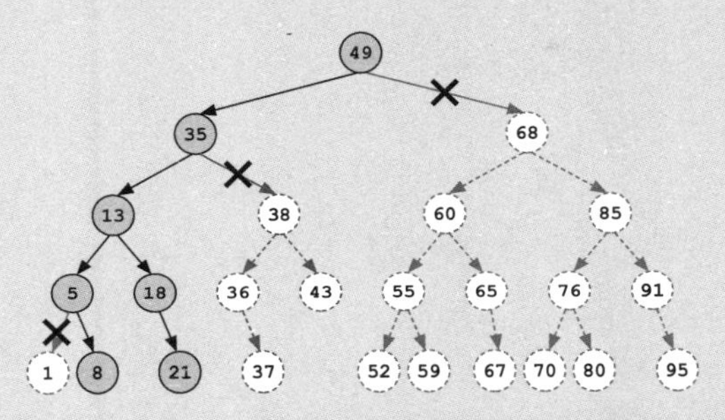

类似地，如果想找在区间 [70, 80] 内的所有值，你只需要访问全部 25 个节点中的 6 个：

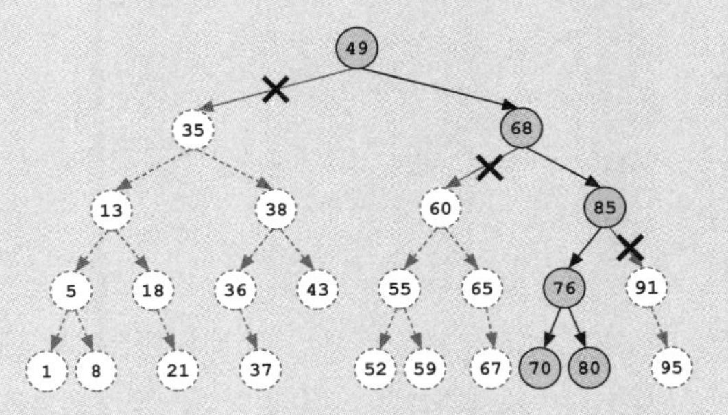

需要注意的是，访问一个节点不一定代表这个节点会被包括在最终结果列表里。在我们给出的两个例子中，可以看到算法也需要访问一些不在目标范围内的节点。之所以访问它们，是因为那些节点的子树可能包括我们想找的值。

和寻找一个值一样，用二叉搜索树做区间搜索只有在需要进行多次搜索时才高效。建立一棵二叉搜索树比搜索一遍数据需要更大的计算量。但是如果要搜索多次，这个计算量可以被均摊到多次搜索里，从而让每次搜索的平均计算量变小。

— 20 —

将疑犯加到搜索树中

Frank 又盯着那个调职列表看了几分钟，但没能找到任何可疑的地方。这段时间的调职目的地都离首都——那些偷窃案的案发地——十分遥远。最近的一个调职目的地为 Easterville 市 —— 离首都有 50 英里远，而这次调职的原因写的是那位警官 “长期的脚臭”。

“就这些了吗？” Frank 转向 Notation 问道。

“对，” Notation 有些不悦地说道，“这是所有曾在各个警察局之间调过职的警官名单了。”

Frank 皱了皱眉头。这种说法听起来不太对，不太完整。“那初始分派呢？” Frank 问道。

“从警察学院毕业时的调职记录吗？” Notation 问道。

“对，” Frank 说道，“从警察学院的调职记录呢？”

“嗯，” Notation 说道，“那些是见习期初始调职。那是记录在另外的地方的。”

Frank 慢慢地点了点头。他开始快速地思考。

“我可以去……” Notation 开始说道。

“不必了，” Frank 打断道，“我之前和警长说过我今天下午会去给他通报案情发展情况的。我可以顺便把那些本子拿着。”

“你要去见警长？” Notation 惊讶地问道。

“及时向客户通报案情是私人侦探工作的一部分。”Frank 说道。

“你也可以和警长说说 Gretchen 的猜想。”Socks 补充道。

“什么猜想？” Notation 问道，她的眼睛在 Socks 和 Frank 之间游走。

“Frank 没告诉你吗？” Socks 问道。

“没有，” Notation 咬着牙说道，“他并没有告诉我。” 她的手握起了拳头，她的表情仿佛在说她非常想用那拳头向 Frank 鼻子上打一拳。

“我的导师 Gretchen 认为明天晚上会有人攻击城堡。”Socks 说道。

“是吗？” Notation 问道，接着她转向 Frank 说道，“听起来这个信息很有用啊。你为什么没有告诉我？”

“这只是一个猜想，” Frank 边躲避着 Notation 的眼睛，边耸了耸肩膀回复道。

“我应该和你一起去见警长。”Notation 说道。

Frank 退缩了，他没有预料到这一层。除非有特别好的消息，否则没有人会乐意去向 Donovan 警长报告案情。如果你走进他的办公室，告诉他你遇到了好多条死路，发现一堆还没来得及探索的线索，还有一些有生命危险的情况，你应该会被他狠狠地教训一顿。如果不是 Frank 自己需要信息的话，他根本就不会想着去向警长报告案情。

“我需要你去追查另外一件事，” Frank 在短暂停顿后说道，“并行搜索，还记得吗？” 他将手伸进了口袋，但只找到了他的笔记本、一些食品包装袋和一只老旧的蜗牛壳，这只蜗牛壳是他上一个案子的纪念品。那是一个关于打击乐队和无数噪声扰民投诉的案子。他将它从口袋中拿了出来。

“看看你能不能找出任何关于这个的消息。”他说道。

“一只壳？”Notation问道，“这跟我们的案子有什么关系？”

“我不知道，” Frank 闪烁其词地答道，“但‘玻璃箱’Billy 也许知道。”

Notation 很不情愿地接过了蜗牛壳，并开始研究它。她一边将蜗牛壳在手中来回翻滚，一边低声说道：“为什么偏偏要去找 Billy。他这人几乎从来都找不到。”

Frank 转向正十分困惑地盯着蜗牛壳的 Socks，说道：“你能把这个搜索树也带到警察局吗？”

“额，可以，” Socks 说道，“但到那再重新建一个容易多了。”

Frank 摇了摇头：“要是重新建一个的话我们需要所有的本子。我可不想抱着它们走过大半个城市，看着就很重。”

听到这，Notation 暂时停下了对手中蜗牛壳的研究，又狠狠地瞪了Frank一眼。

57分钟后，Frank 和 Socks 站在了警局记录处的门口。走这段路一般只需要 20 分钟，但 Socks 面前那巨大的发着光的二叉搜索树让他们的速度放慢了许多。这棵树不仅阻挡了他的视线，导致他一路上被好几个车辙绊倒，还吸引了一大堆路人的目光。Frank 到最后只得大叫一声“别挡道！这是危险的不稳定魔法物品”，这一招效果好极了。

“你不是要去找警长吗？” Socks 问道。

“我们先找到调职记录再说。” Frank 说道。他从来都不喜欢一无所获地去见客户。

每一届警察学院都会带来大约20个新警官，每一个都会被分派到王国中某个地方的警察局。因此，写着近十届毕业生去向的初始分派本至少有十磅重。和其他本子一样，它们也是按名字而不是按日期排序的。

“看起来我们有几百个调职记录需要加到树里面。”当他们在休息室内找到一个空桌坐下时，Frank 这样说道。由于安保要求，加上公文数量巨大，没有人可以在存放记录的房间里工作。因此，所有的警察局都会有至少一个与记录室相邻的房间，里面放着桌子供大家使用。

“我们不能加节点！” Socks 大声说道。

“当然可以，” Frank 说道，“往二叉搜索树中加节点很简单。

从顶端开始，像寻找符合条件的值那样向下搜索。当你走到一个尽头时，把新的值加在它的下面就好了。

“我们以这个 57 天前的调职记录为例。我们从顶端开始，因为 57 大于根节点里面的 55，所以我们向右走。接下来，因为 57 小于 67，所以我们向左走。再接着，因为 57 小于 61，所以我们再次向左走。现在比较 57 和 59，我们应该再次向左走。但这个点并没有左子节点了。因此，我们将新的点加成 59 的左子节点就好了。”

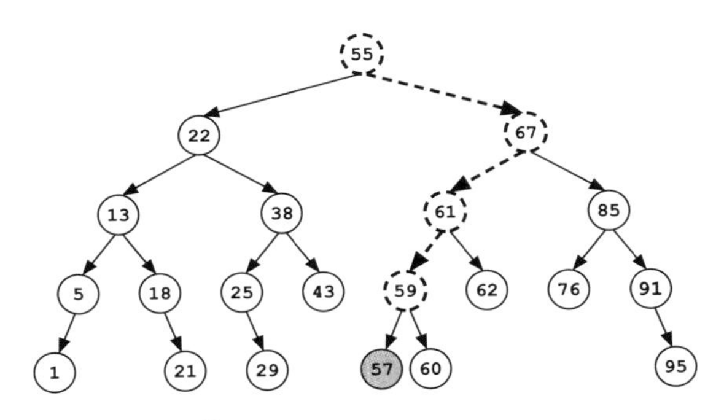

Socks 看起来被吓傻了。

“看，”Frank 说道，“我再来给你演示一遍。这个调职记录是 89 天前的。89大于55，所以我们向右走；89大于67，所以又向右走；89大于85，因此再向右走。这里，因为 89 小于 91，因此我们将它加成 91 的左子节点。”

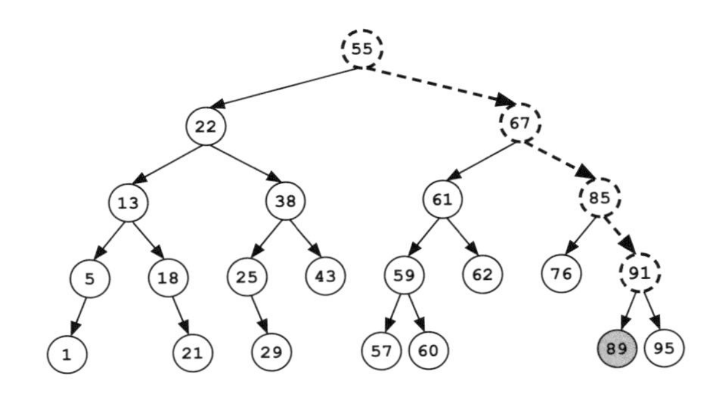

“我不是这个意思，” Socks 坚持道，“要是树变得不平衡了怎么办？”

“这的确有可能发生，” Frank 承认道，“当你向二叉搜索树中添加元素的时候，树可能会变得不平衡。不过我们的搜索依然可以进行。”

“但是搜索在不平衡的树上会变得低效！”Socks 抗议道。

“的确。”Frank 承认道。

在向树中添加节点的过程中，有时会抵消掉平衡二叉搜索树最大的优点之一——高效。将平衡二叉搜索树的节点数量翻倍时，它的层数只会增加1。这就意味着在搜索一个元素时，即使你将搜索数据的数量翻倍，你的搜索也只需要多进行一步。然而，Socks 是对的：这种高效率只有在树左右平衡时才存在。在最坏的情况下，当树成为了一长条直线时，要找一个元素就必须沿着这条直线一直找下去了。而当我们向其中添加任意值的时候，不一定能保证树依然平衡。

“但这个险值得冒。”Frank 最终这样说道。

“但是……”

“如果我们的搜索没有那么高效率，也没有关系。相比抱着那么多本子走过大半个城市来说，这只是一个很小的代价。那些本子看起来重极了。”

警用算法导论：二叉搜索树Ⅳ

节选自 Drecker 教授讲义

向二叉搜索树中加入节点和寻找一个节点类似。我们从根节点开始逐步向下，操作就和我们寻找想加入的值一样。我们通过比较想加入的值和当前节点的值的大小，来决定是该向左下还是向右下走。当我们遇到死路时，也就是需要走的方向的子节点并不存在时，我们便将要加入的值插入这个不存在的子节点的位置。

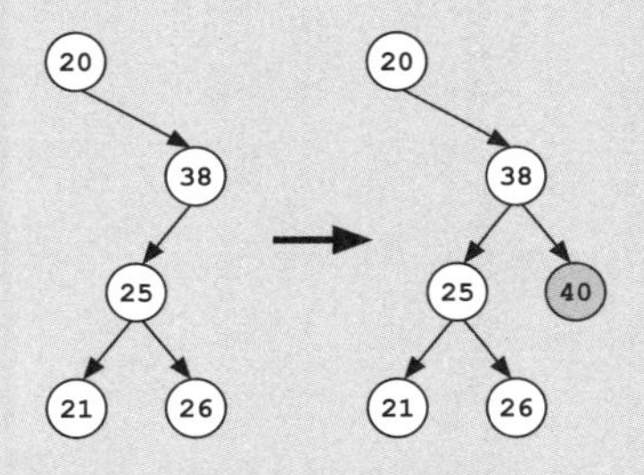

插入一个元素的计算量和树的深度成正比。但是，我们不能保证在插入新节点时依然可以保持树的平衡。事实上，当你按特定的顺序插入时，树很容易就会因为有很深的分支而变得不平衡。比如，如果我们按排好的顺序来插入数字，所有这些加入的节点都会沿着一条分支排列。

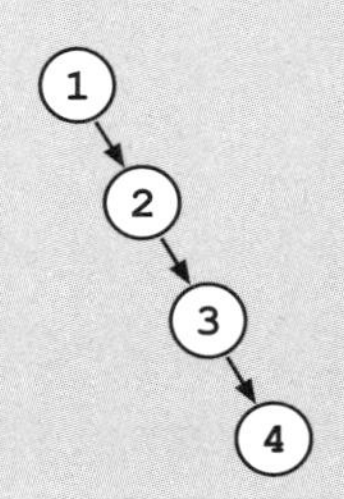

— 21 —

二叉搜索树的属性

“等等，”Frank说，“错了。”

Socks刚刚插入了一个节点，他惊讶地抬起头，问道：“什么？”

“你刚刚插入的那个节点，”Frank说，“插错地方了。”

Socks 盯着树：“但是63确实是大于60，所以需要将它加进右子树啊。”

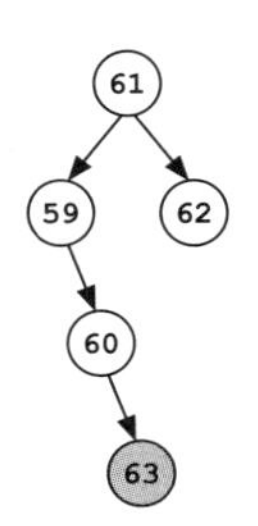

“但是它比它的祖父节点61都要大，所以应该把它加入到61这个节点的右子树，你却把它加入了左子树。二叉搜索树的一个关键属性是左子树中的所有节点的值都小于当前节点的值，而右子树中的所有节点的值都大于当前节点的值。”

“我知道。”Socks安静地说。

“那它为什么会在左子树中？”Frank问。

“我犯了一个错误。”Socks说。

“你为什么忘记将61与63进行比较？”Frank问。

“我……我是从60这个节点开始的。”Socks承认。

“什么？”

“嗯，我最近一次插入的节点是60…… 63和60比较接近…… 所以我刚刚从节点60开始，就将其插到了60的下面。”

“你没有从树根开始？”Frank嚷道。

“我想这样会更快，”Socks说，“这样可以跳过树中大部分节点。”

“你最终把它放在了错误的地方！有多少个节点使用了这种投机取巧的方式？”

“有几个吧。”Socks承认道。

Frank长叹一声，便开始一连串的抱怨和咒骂。Socks 盯着地面明智地没有吭声。

在他终于平静下来后，Frank深吸了一口气，重新开始观察这棵树。

“我们必须做一个穷举搜索，”Frank从牙缝里硬挤出了几句话，“如果这棵树没能维持二叉搜索树的属性，我们就不能安全地做任何剪枝。我们必须检查每个节点。

“嘿，”Socks突然说，“如果我们必须检查每个节点后再把它插入到树中，那我们为什么不直接做一个穷举搜索呢？”

“摊销时间成本，”Frank说，“将来我希望使用这棵树进行多次搜索。我猜测50天到70天才是我们应该搜索的范围。当我们有更多依据时，我们可以再进行不同范围的搜索。我们甚至可能要去做一些更加精确的搜索。构建树的成本将在多次搜索中被平摊，这样平均的时间成本就会比较低，总的时间成本也会比较低。摊销时间成本是考虑了多次搜索的总体时间成本，从而将构建树的成本分摊到很多次的搜索中。”

“哦，”Socks说，“像我的魔术按钮树。”

Frank本想用力摇晃这个年轻巫师并大喊“当然像按钮树了！它们两个都是二叉搜索树！”，不过他努力控制住了自己，只是无奈地嘲讽道：“当然了。”

“好主意，”Socks说，“未来我们可以节省大量的时间。”

“是‘可能’会节省。”Frank纠正他。

“哦，”Socks说，“对。我破坏了这个树，不是吗？”

警用算法导论：二叉搜索树V

节选自 Drecker 教授讲义

正如我们在讲义中所看到的，我们可以使用二叉搜索树的结构来进行有效的搜索。不仅如此，我们还可以往树中添加和删除节点。但是，每当我们更改了原有数据的结构时，必须要确保不能破坏二叉搜索树的属性，这非常重要。

对于二叉搜索树，最重要的是时刻保持二叉搜索树的属性。该属性规定（1）左子节点（及其所有左子节点）中的值小于或等于当前节点的值，以及（2）右子节点（以及其所有右子节点）中的值大于或等于当前节点的值。如果我们违反这个属性，此时这棵树就不再是一棵二叉搜索树了，我们也不能在搜索时进行任何剪枝。

— 22 —

公文字典树

在对调职记录进行两次完整的搜索后，Frank仍然没有发现任何可疑的人。更确切地说，他没有找到任何有明显迹象参与了密谋的人。此时，每个人仍都是他的怀疑对象。

“嘿，Notation的名字在这里。”Socks 在第二次搜索的时候注意到。

Frank叹了口气，说：“当然会在那里，她刚刚从警察学院毕业。这是一本警察学院的警官分派记录。”

“她在学校表现得很好，是不是？”Socks 在扫描她的调职记录时间。

“请注意，Socks，”Frank说，“记住，我们是寻找任何可疑的东西，而不是那些无关紧要的。”

“三个毕业生转移到了城堡，”Socks说，“或许我们应该对其中的某人进行更加深入的调查。Gretchen 认为……”

“不，”Frank摇了摇头打断了Socks的话。他已经看过了这些调职记录，这三个人没有任何可疑之处。

“这里什么都没有。”Frank说。Socks本想反驳，Frank再次打断他：“你应该回到我的办公室。我向警长汇报完毕后就去那里找你，我们再一起看看还有没有什么别的线索。”

此时，Frank看到Socks的脸上显露出如释重负的表情，但是他不确定这是否只是自己的臆想。他知道有些新人为了躲过周会不仅会装作身患阑尾炎，甚至还甘愿去做手术，而Socks现在可以躲过与警长的会面了。

在去办公室找警长之前，Frank先去了趟档案室。当时警长只给了他案件的官方报告，并没有让他去犯罪现场进行调查，说不定在这里能幸运地找到一些线索。

档案管理员是一个名叫John Cache的人，在勉强同意Frank进入房间后便寸步不离地盯着他。这可能是因为盗窃之后警察局加强了防盗警戒，也可能仅仅是John Cache作为一个新手的急躁表现——每个新手都幻想着有一天能打击犯罪扭转局面呢。

Frank扫视整个书柜，假装在搜寻有关丢失宠物龙的信息。不出所料，这么大的警察局里，公文多如牛毛。现在每个政府组织的公文数量都在成倍地增长，更别说首都警察局了，其中的警官人数比任何其他两所警察局中的警官人数之和还要多。虽然这里有很多卷宗被偷走了，但房间里还是堆满了数不清的卷宗。

幸运的是，档案管理员已经将信息有效地组织起来。每个文档都必须遵守国王所颁布的《文书和十人以上机构工作文档的存储规则》，

强制按照目录进行分类和存档。书柜中很大一部分都用于存储诸如逮捕报告、费用报告、调职记录、警卫轮岗和噪声投诉等文件了。

档案室看起来像一个巨大的trie树。trie树，也称为前缀树，是一种可对字符串集合进行高效搜索的数据结构。它在概念上类似于二叉搜索树，也是首先从根节点开始，并一路向下扩展。但是，trie树是用来搜索字符串而不是数值的。在每一个节点，trie树都会根据字符串中的下一个字母来对原始数据进行拆分。因此，trie树中的每个节点都有很多子节点，包含了字母表中A～Z的每个字母。在这种结构中，只需沿trie树中的一条路径就可以高效地搜索出任意字符串，因为只需要根据目标字符串中的下一个字母就可以方便地选择出下一个节点。

Frank曾经在一个巫师大会上看到过这个神奇的trie树。一棵像霓虹灯样子的树倒挂在空中，显示着它所携带的一千多种不同药水的名字。为简单起见，这里的trie树只显示非空的子树。

客户可以使用trie树快速了解哪些商品有现货哪些商品缺货。例如，他们可以通过B、A、T、N、I和P这条分支来知道小贩今天携带了batnip；也可以迅速地知道今天baby powder缺货，因为此时BA的子树中没有B这个分支。

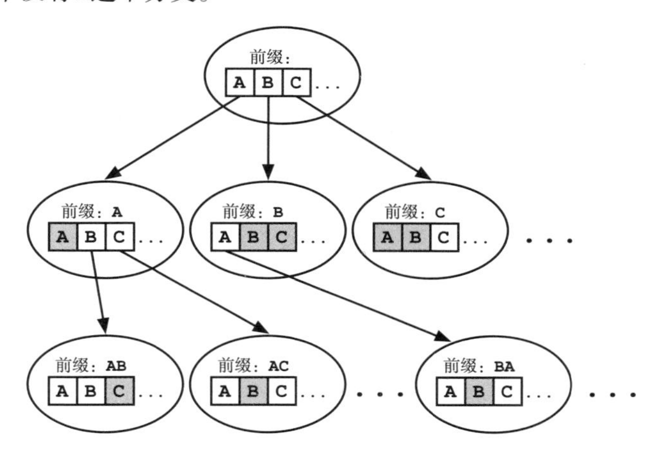

档案室采用了trie树的概念，并将其应用于书柜的管理上。26个巨大的书柜靠墙排列着，每个书柜上都记录了一个字母，它们是trie树的第一层节点。首先是A书柜，然后是B书柜，以此类推。

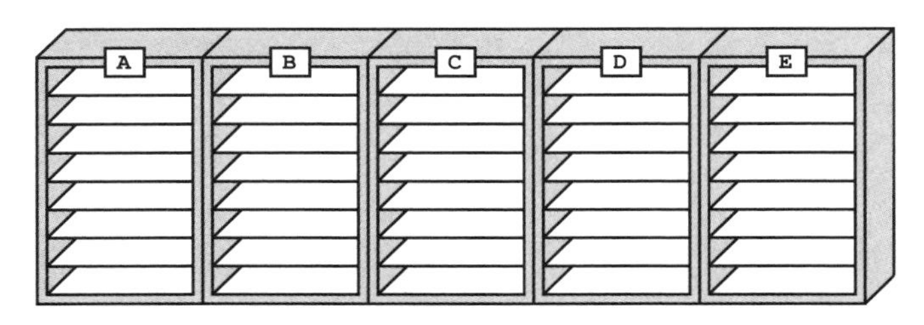

接下来，每个书柜包含若干个搁架，每个搁架对应了目录的第二个字母，这些层构成了trie树的第二层。

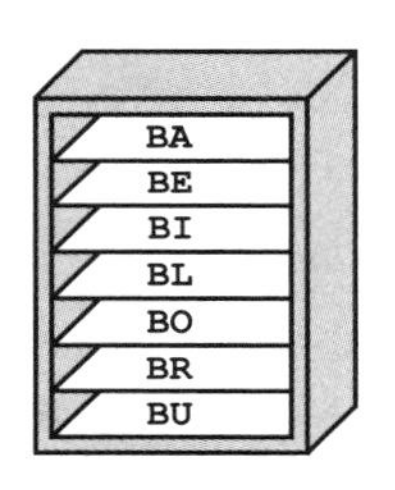

由于大部分两个字母的组合与现有的目录并不对应，因此每个书柜并不需要26个独立的搁架。每个搁架水平放置一些贴了标签的书挡，这些书挡就构成了trie树的第三层。

Frank一边走，一边看着V号搁架。他在警队的时候，就曾经成功游说为Vinettee集团专门开辟一个叫作Vinettees的目录。他花了很多晚上去研究书柜V搁架I书挡N上的文件。

此时，Frank停在书柜D搁架R书挡A处。他取出了一本有关宠物龙的档案假装在看它，同时搜寻着房间的其他地方。

警长说的没错。书柜中前缀为AS、CE、EX、NO、PR和RO的搁架里的文件全部被搬空了，而其他的却完好无损。他暗暗地记住了这些前缀，被偷走的这些前缀的文件中一定暗藏着什么信息。Frank有了另外一条线索。

他把手中的书放回Dragon书柜的Registrations号搁架处，大声宣布："好消息！档案记载首都只有几只食鸽龙，不过却有很多的鸽子。等我找到它时，至少那只可怜的龙不会被饿死。"

当Frank从档案室大步走出来的时候，John Cache 怜悯地看了他一眼，什么也没有说。

警用算法导论：trie树

节选自 Drecker 教授讲义

trie树是基于树的数据结构，用户可以很方便地通过某个字符串的前缀来搜索到目标字符串。与二叉搜索树一样，trie树也是首先从根节点开始，然后一步步向下选取分支节点的。在trie树中，每一个节点下的分支数（即有多少个子节点），取决于所有字符串中当前节点字母的下一个元素有多少种不同的可能。所以，trie树的每个节点可能有不止两个子节点。

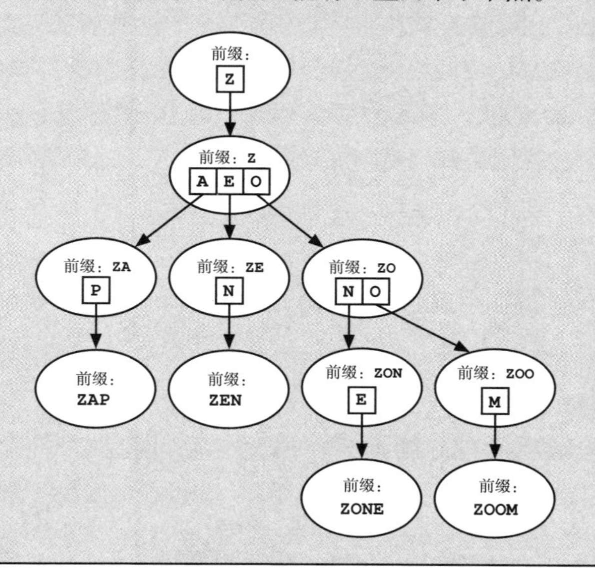

和二叉搜索树一样，我们只需将数据中出现过的节点依次插入trie树中。例如，现在有单词ZAP、ZEN、ZONE和ZOOM。因为此时并没有ZONK这个单词，所以我们并不需要在ZON下面再设一个节点为K的子树。

注意，我们不需要在每个节点中存储一个字符串的所有可能的前缀，而是可以根据需要通过从树根到该节点的路径来重建出这个前缀。但是，有时也需要在每个节点中存储一些额外的信息，比如标记该节点是否为一个字符串或者单词的最后一个字母，以便我们区分当前插入的是一个单词还是一个单词的前缀。例如，我们无法确定树中的ZOO是否为一个独立的单词，因为还有一个单词是ZOOM。

trie树的搜索过程类似于二叉搜索树的搜索过程。算法从trie树的顶部开始向下进行。在每个节点处，决定接下来应该选取哪个分支就需要看目标字符串的下一个字母是什么。例如，需要搜索ZEN这个字符串，搜索路径为：从Z开始，接着选择E这个分支，最后选择N这个分支。

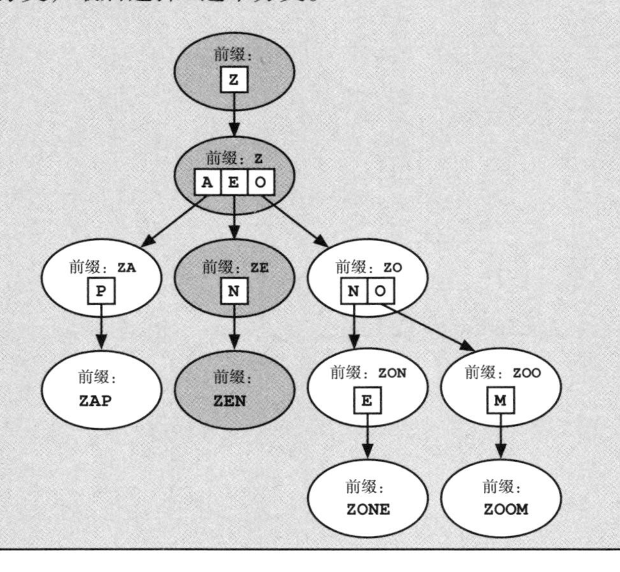

如果找不到这样的节点，就可以确定我们所需要的单词（字符串）不在树中。所以，如果我们在这棵树上搜索ZANY，我们会发现ZA之后便无路可走。

令人惊讶的是，警务中常常用trie树来编制犯罪嫌疑犯名单。举报者常常拒绝提供一个完整的名字，只会提供名字的前几个字母。此时，我们就可以使用trie树来对名字的前缀进行搜索，以得到与该前缀相匹配的所有人的名字。依据字母的数量和特殊性，这些信息足以大幅减小搜索范围。

— 23 —

最佳优先搜索：侦探最值得信赖的工具

过去的五年中，Donovan警长的办公室几乎没有什么改变。房间的角落仍放着同样的书桌，上面整齐地摆放着四个贴有“输入”“输出”“需归档”“需销毁”标签的篮子。墙上除了Frank早已见过的数量众多的奖状外，又多出了几张新的。只有一张图片——警长与两个孩子的全家福速写——见证了时间的流逝。

“Frank，坐吧。”警长头也不抬地说。

Frank看着警长面前的椅子，回想起上一次他坐在这把椅子上的情景——那是他警队生涯的最后一天。那时他终于搜集到了足够的证据，正准备对Rebecca Vinettee实施抓捕，但是他用的方法却十分走险。尽管当时Frank发现了新证据，但警长并不赞同他的这一做法，因为他更在意的是Frank公然违反了相关规定。Frank从回忆中回过神来，倚靠在椅子的扶手上，继续等待。

终于，警长处理完手中的公文，并将其放到“输出”的篮子里，目光投向Frank说道：“你有什么新发现吗？”

“这个案子并不仅是文件盗窃这么简单，要比想象中严重得多。”Frank回答道。

警长看起来并不惊讶："有多严重？"

在过去的一个小时里Frank在脑海中想象了这场谈话的各种版本，以及可能的回答方案。最终他决定靠自己的能力——这些绝不是投机取巧就能做到的。

"为什么不一开始就将你知道的全都告诉我？"Frank说，"也就是事实上你到底知道什么。请不要说谎。"

警长镇定地望着他说："我从未骗过你，Frank，当初我过来找你时已经把我所知道的都告诉你了。"Frank想要说些什么，但警长抬起手示意不要打断他，接着说道："但是，事态时刻都在发生变化，我们谈话的时候情况或许也正在改变，今天早上我得到了最新的消息。"

"又有盗窃案了吗？"Frank问道。

"是其他事情。"警长回答。

警长快速地翻了翻面前贴有"输出"标签的篮子，找到一封写着"请转交给Frank Runtime"字样的信封，并递给了Frank。"给你，这也省得别人再给你送了。"他说。

Frank拆开信封，快速地浏览了里面的内容。他发现其中包含了四份案情报告——其中有三份是关于其他警局盗窃案的细节描述，第四份是有关军方车队被袭击的详细描述。Frank之前就听说过这个案件，但是这些细节还是令他大吃一惊。

“加速腐蚀的咒语？”他问道。

“我们已经让巫师来确认过，”警长说，“这些盗贼把档案室的门给腐蚀了，轻轻一推就开了。”

“那车队是怎么回事？”

“带有腐蚀魔法的弩，”警长说，“还有一个车子的轮胎，我想应该是左后轮，报告里应该写到了。”

“那些宝剑和斧头呢？”

“你能不能仔仔细细地看一下那些报告？那些盗贼们用了加速锈蚀的咒语，这虽然不算什么高级的魔法，但非常有效。”

“那个里面根本就没有提到他们偷了些什么。”Frank说道，“有关魔法面具的事更是只字未提。”

警长惊讶地竖起了眉毛：“你怎么知道面具的事？这可是高级机密！”

Frank耸耸肩：“是你让我去寻找线索的呀。”他并没有告诉警长这条信息其实是Socks说漏嘴告诉他的，永远不能让你的客户知道你的成功有多少是建立在别人的愚蠢行为之上的。

“这很令人担忧，”警长说，“那是个很强大的东西。我们收到了一个匿名信息，说城堡可能遭到袭击，现在所有警力都处于戒备状态，我们已经把所有的人都调来保卫城堡了。”

“对于攻击城堡这件事，我也听说过。”Frank说道，他又看了一遍文件，“没有关于袭击者的信息吗？”

“我们也只是听到一些谣传，并不肯定。至少没有什么可以被放到报告里的可靠信息。”

“那你的警员们怎么样呢？有没有任何可疑的人员在那儿？”

警长打量了一下Frank。Frank知道，如果警长确信没有任何内鬼的话，是绝不会来找他的。但这也仅仅是他的猜测。

“还没有，”警长说，“我还没有找到任何可疑的人员。盗窃案之间没有形成规律，不同的警局，不同的值班警员，连失窃的部门都不同。”

Frank思考着这些盗窃案，默默地点了点头。在进行到调查警察内部调职记录时，案件似乎进入了一个死胡同。每个事件中都至少有一位新转来的值班警员，但是从来没有一个警员出现两次。他曾经考虑过这可能是整个新手班的阴谋，但是很快就否决掉了。这个人能组织这么大型的背叛事件，他的能力应该足以编排更微妙的盗窃案，至少不至于惊动方圆100英里的所有警力。

“那Notation警官呢？”Frank问。

警长看起来有些吃惊：“她怎么了？”

“她在你的名单上吗？”Frank又问。

“她那天值班，所以她当然在名单上，”警长说，“但是她在名单的最后。她是个好孩子，虽然是个新手，但她在警局尽忠职守。”

“你知道她在擅自调查这个案子吗？”

警长皱了皱眉头：“我觉得这没有什么好惊讶的，就像我所说，她很敬业。你什么时候碰见她的？”

“在Crannock的农场，”Frank说，“在这之后我们一起调查了一段时间。”

“那她现在在哪里？”

“我不信任她。”Frank说。

“你谁也不信，Frank。”警长补充道。

Frank叹了一口气。“这不重要，”他说，“如果你发现什么奇怪的事情，请尽快告诉我。”

“那你呢，”警长问，“你发现了什么？”Frank简洁地概括了一下案件的进展，他告诉警长他是如何根据一个提示找到了Crannock农场，又在那里发现了新的线索，线索指向了Usb港，也就是Vinettee集团的船，还有Rebecca Vinettee。

听到这个消息后，警长咯咯的笑声打断了他。“Frank，又和

Vinettee家族相关？又是Rebecca Vinettee？我很惊讶你还在为此事奔波，你把他们家多少个人送到监狱里去了？”

“还远远不够。”Frank说。

“好了”，警长回应道，“你是怎么从那里逃脱的？”

“后来突然出现了一个年轻的巫师，开始到处扔装满腌鳗鱼的桶。”Frank把这一切说得仿佛只是一个正常的巧合。

警长看了他一眼：“什么？”

“有一个叫Socks的初级巫师，”Frank解释道，“他是一个名叫Gretchen的巫师的学徒，看来是国王带了几个高级巫师来协助我们破这个案子。”

“我没听说过Gretchen，但我一点也不惊讶国王会请巫师来，”警长说，“在军队遭到袭击之后，国王动员了所有人，甚至Ann公主都正在回来的路上，明天就能到城堡。”

这句话意味着现在的情形非常严重。Ann公主几乎永远都在出使任务、调查或者谈判。既然她回来了，那现在的情况一定糟糕透了。

“Ann公主正在回来的路上？”Frank问。

“她认为最近的袭击一定和 Unnecessary Complexity联盟有关。”

“Unnecessary Complexity联盟？”

“一切都和那个叫Exponentious的邪恶巫师有关，”警长说，“就是那个总是想摧毁王国的巫师。”

Frank点了点头。很显然，他还清楚地记得当年Exponentious发动的袭击所带来的恐慌。在那些天里，关于他发起的这次运动一直在年轻巫师与骑士中间流传。

警长继续说道：“他现在被牢牢地关在皇家监狱里，但Ann公主担心他可能有别的团伙在行动。比如说他的追随者、帮凶或者崇拜他的人。Ann公主一直在找有关这个神秘巫师联盟的线索，目前他们一直躲在阴暗处，进行一些小范围的袭击，但是皇室成员非常担心。”

Frank一脸茫然地盯着警长。这会不会就是Vinettee提到的那个联盟？如果真是的话，那么他怎么会把自己牵扯到这种事情中来？于是Frank脑中又萌生出了另一种假设。

“攻击城堡！会不会和Ann公主返回有关？”Frank说，“如果她在调查 Unnecessary Complexity联盟，他们有可能会报复她。”

“我们已经想到了这一点，”警长说，“当Ann公主回来时，我会调派一百多个警察去保护她。虽然这会使军械库、监狱和警局的警力减少，但我们绝不能让Ann公主有任何闪失。”

“那魔法面具呢？有人会利用面具潜入安保人员的队伍。”

“是的，这是一个溜进城堡的绝好机会，”警长承认道，“即使没戴面具，在增加了一百多个新的警察后，我们也很难在人群中找出他们。但是我们采取了措施，皇家巫师Marcus创造了一种有魔法的身份徽章分配给那些城堡的安保人员。身份徽章是无法伪造的，一旦佩戴的人与徽章上的照片或者名字不一样，徽章就会发出红色的光。”

Frank努力思考是否还有其他的安全隐患。

“你再想想，”警长说，“你还有没有发现别的问题？”

Frank飞速地思考着，回忆他们在TCP Flyer号船上发生的事，以及他们在Mudwall和Frayed Cable岛上的搜索。他描述了监狱中遇到的袭击和公文被烧毁的经过，最终，他从调职记录中找到了更多线索。

“这也是为什么你想了解Notation的原因吧，”警长说，“她是刚从警察学院调过来的。”

“确实，”Frank承认，“她的名字在我的搜索范围之内。”

警长想了想后说道：“我不认为她是这种人，我的直觉告诉我，她是一个好警官，但是我不确定我现在应该相信谁。不管怎样她是不应该去调查这个案子的，这并不是她的任务。”

“谢谢你。”Frank说道。

“还有没有其他新调来的人需要去特别关注的？”

Frank摇摇头：“新调来的警察们分布在不同的犯罪现场，但是没有规律，没有任何一人与两个以上的盗窃案相关，除非一整个班都是叛徒才有可能，所以我认为这行不通。”

“你调查得很好，Frank，”警长说道，“这是我这么多年来见过的能把最佳优先搜索用到极致的案例之一。”

Frank笑了，即使在警队，也很少有人会知道这种类型的调查需要使用最佳优先搜索。多数人只会说“我正在调查”或是“这些线索我正在跟进”。

尽管对其认知不足，最佳优先搜索仍是警官们办案的必备法宝之一，它就像记事本或者一双舒服的鞋子一样重要。在最佳优先搜索中，你需要时刻维护一个线索列表，每次从中选择最可靠的一个线索去调查，一个线索调查完毕后，再从列表中选出下一个最可靠的线索继续调查。当然如果在调查的过程中发现了新的线索，就将其及时加入列表中。这种方法对于查案很有帮助。

Frank摇摇头。

“那好，”警长说，“继续调查。如果 Unnecessary Complexity 联盟真的存在，而且一直在背后操纵这个案子，那么我们已经深陷危机之中了。注意安全，Frank。”

“我一向很谨慎，”Frank回答，他站了起来，又停住了，“最后一个问题，你知道Notation 是如何知道 Array Cart的吗？”

“我不知道，”警长回答道，“为什么不直接问问她呢，她现在似乎正站在我的办公室门口。”

警用算法导论：最佳优先搜索

节选自 Drecker 教授讲义

假如你在这门课程中只记住了一个算法，那么你一定要记住最佳优先搜索这个算法，它将是你警队生涯中最有用的工具。也许所有的案件调查到最后时，你都需要使用这个算法。

最佳优先搜索是基于某种估值分数或者评价函数来选择接下来探索哪个状态的算法。每一个新发现的状态也都将被赋予一个分数，这个分数就是算法对这个新发现状态的估值。例如，我们可以为每一个状态标记上一个值，可能是目标状态的概率（如果这个概率可以被估计的话）或者是在调查中线索的重要程度。其实最佳优先搜索就是在每时每刻维护着一个带有估值分数的状态列表，每次从这个有序列表取出下一个估值分数最高的状态去探索。

当然，最佳优先搜索也可以按照代价最小的规则来选取下一个要探索的状态，这个代价可以是当前状态到目标状态的估算距离。在这种情况下，每一步都要选择列表中估值最小的一个状态进行探索。

我们来看一个迷宫问题。现在我们已知起点和终点的坐标，可以在搜索空间中为每个点（状态）都设置一个值，这个值就可以是从该点到终点的距离，例如，可以使用曼哈顿距离——两点之间的垂直距离加上水平距离之和。虽然这个值不一定意味着当前点到目标点的实际步数，但它可以为最佳优先搜索算法提供更有效的选择依据。

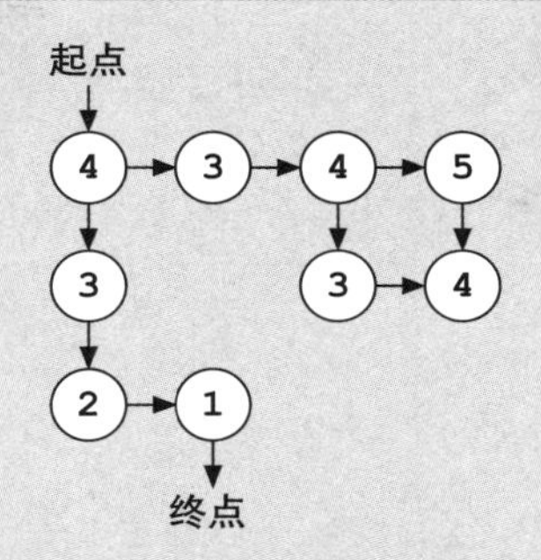

随着搜索的进行，算法开始尝试探索不同的点（即下图中带阴影的圆圈），每当遇到一个新点，都要将其添加到一个列表中，等待之后进一步探索（即下图中带有虚线的圆圈）。在每次迭代中，算法将根据每个点的估值分数来选择最佳的那个点去探索。在这个例子中，每次将选择估值最小的那个点去探索。

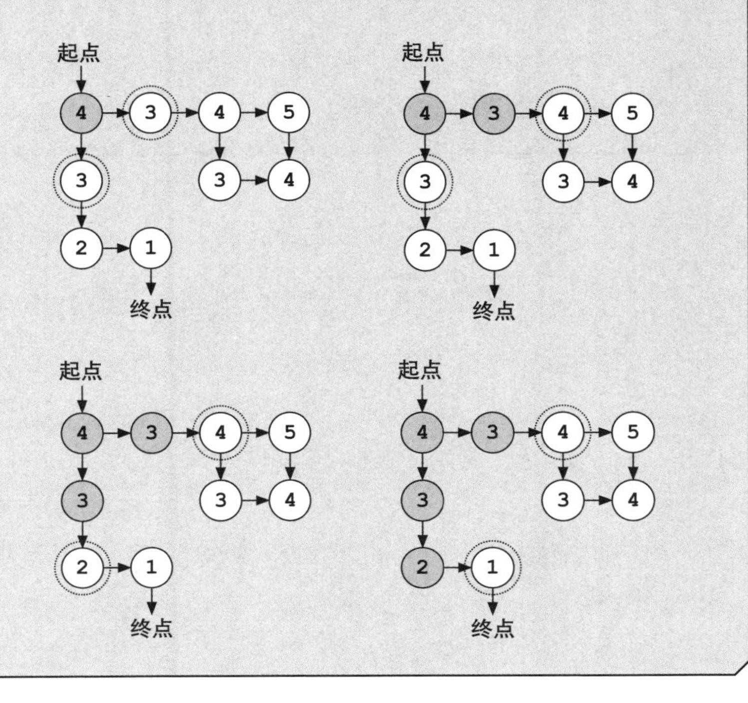

一旦找到目标点，我们就可以终止搜索。在这个例子中，我们只需要探索一半多一点的点。 例如，我们不会选择探索第二个距离为4的点，因为我们总是有一个更好的选择可以优先尝试。

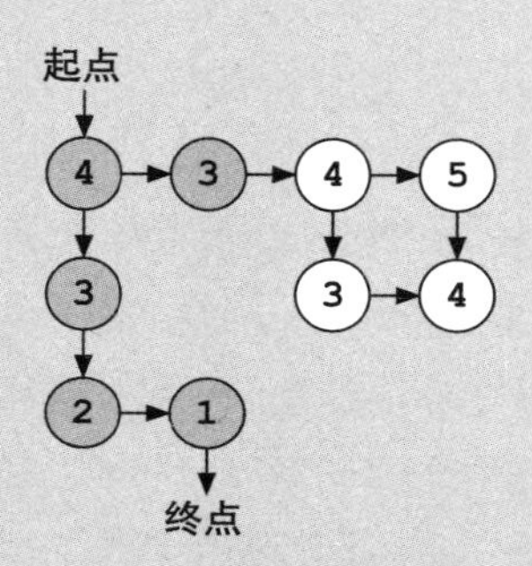

在搜索中，我们必须先确定线索的优先顺序。根据具体情况，你可以从最新的线索或可信度最高的线索开始。无论如何，最佳优先搜索都需要按照某个优先顺序进行。

— 24 —

用优先队列进行调查

“Donavan警长！” Notation 走进办公室时，脱口而出。

“我想当面向您道歉，我在工作时间之外，未经授权就去调查案子。但这既是Frank调查的案子，也是我的，如果他报告……”

“这案子怎么变成你的了，Notation 警官?”警长打断她，“我记得我派你去查假冒溜溜球的案子。可你为什么在Crannock的农场调查被盗的文件?”

“我在跟踪一条线索……” Notation 说。

“你在跟踪一条线索?”警长打断道，“你的所有报告里，我没看到任何关于Array Cart的报告。”

“我是那天早上才想到的。” Notation 解释道。

“所以，你决定自己跟踪这条线索，而不向负责这个案子的侦探报告?”

Frank皱起了眉头。警长特别执着于照章办事，在警长看来，得到线索不及时报告是非常严重的事情。从Notation 慌张的言辞中，Frank看出她也是这么想的。

“我当时已经在农场的附近，”她说，“发现……”

“有线索?”Frank问。

“我记得失窃当晚，”她说，“我刚做完我的晚间值班报告，就看到窗外有一辆奇怪的推车。当时我也没多想，因为鱼贩们总是喜欢用各种奇怪的推车。我以为是早晨鱼贩们交货用的。”

她转向警长，目光中流露出恳求之情。“这条线索看起来不大靠谱，”她解释道，“我觉得这条线索或许是条死胡同，那车可能只是交货用的。所以在查出更多情况前，我并不想报告。”

“然后你就和Frank一起查了几乎两整天？”警长说。

“我们发现了一些更有用的线索。”Notation 道。

“Notation 警官，”警长厉声道，“不知道是哪位前警长的鬼魂在引导你这样做。现在每个人都要遵守规章制度，而你没有。”

Notation 死死地盯着地面：“我明白了，长官。”

“不，”警长说，“我不确定你是不是真的明白。但你会有足够的时间去反省。你被停职了，等候通知。”

Notation 哆嗦了一下，但没有抗议。

警长转向Frank说：“Frank，你有工作要做了。”

当Notation 转身离开时，她的视线凝固在了挂在墙上的Fredrick国王的肖像上。她似乎陷入了沉思。

“警长，”她突然停住说，“你有优先队列吗?”

Frank努力地回忆了一下，最后想起来他的一位教授曾在课堂上讲过 Fredrick 国王是如何推广优先队列方案的。

在 Fredrick 成为国王之前，他会倾听王国公民的投诉。由于时间紧迫，市民投诉繁多，他被迫需要制定一个优先队列方案。毕竟 Fredrick 王子一次能忍受的抱怨是有限的。

开始时，Fredrick 王子试过使用投诉栈，优先选择处理最新的投诉，但后来他发现这样会错过那些重要的但很久以前的投诉。然后他尝试使用投诉队列，优先选择处理时间最早的投诉，然后他发现这样又会错过重要的近期投诉。最后，他采用了一种新的数据结构——优先队列——使得他每次都可以先处理最重要的投诉。

“优先队列?”警长问，显然被这个突如其来的问题问蒙了。警长训完话后几乎没有人敢接话。他们只是慢吞吞地小心翼翼地走出办公室，或者在某些情况下，还会被关在一间黑暗的杂物室里待上几小时。

“一种数据结构”，Notation 胸有成竹地解释道，“就像普通的队列，你可以对元素进行入队和出队操作。区别是为每个元素增加了一个重要性的优先级分数。当一个元素出队时，优先队列就会为你提供下一个最重要的元素。”

看到警长和Frank貌似有些不理解，Notation 举了一个例子：“如果我插入四个元素，优先级分别为1、2、4和3，那么我会按4、3、2、1的顺序提取它们。”

“我知道什么是优先队列，”警长说，“我们用它来存储噪声投诉清单。叫得越响，优先级越高，所以我们总是先解决最糟糕的情况。我听说他们也采用这种方法来处理附近污水臭味的投诉，虽然看起来那里的所有事项的优先级都一样——都令人非常难以忍受。不过，你想说什么?”

“您这里有优先队列吗?”Notation 问道。

警长摇摇头，感到迷惑不解，并压制着自己的愤怒：“没有多余的了”，他说，“所有的优先队列都已经投入使用了，有一个用于噪声投诉，有三个用于不同类型的犯罪，还有一个用于最高通缉犯，最后一个用于度假申请的安排。你想说什么？”

“最佳优先搜索。”Notation 说。

“最佳优先搜索?”警长问道，“Frank告诉我，他使用的就是最佳优先搜索。”

“没错。”Frank点头道。

“优先队列会更有效率，”Notation 解释道，“每次我们找到一条新线索，就可以把它放到优先队列中，通过其得分来显示该线索的质量。接下来，当我们准备调查下一条线索时，就可以从优先队列中提取最有用的线索。这样，我们总会按照下一条最有用的线索进行调查。”

Frank叹了口气，摇了摇头。他知道警长完全能猜出这番谈话的目的。警长擅长给大家上课，他不会凶巴巴地骂人或说脏话，但会以平静的方式让一名新警官意识到自己的愚蠢。“你之前是怎么做的?”警长耐心地问。

“我把线索都记在一个笔记本里，”Notation答道，“每次我们准备调查一条新的线索时，我就会看一遍整个清单，找到最好的那个。”

“那你有多少条线索呢?”警长问道，“平均而言。”

“平均而言？”Notation想了一会儿说道，“我猜有二到五条吧。”

“你想让我使用优先队列来处理只有二到五条记录的列表吗？”如果警长采用他一贯吼叫的方式来问，那这个问题听起来可能不太严重。相反，他的冷静和耐心的口气让整个讨论的不必要性更突显了。

Notation 脸红了。“嗯，优先队列并不是很昂贵……”她开口道，话没说完又咽回去。

“Notation 警官，”警长说，“我同意优先队列对于最佳优先搜索很有用。待会儿我就可以订购一套全新的系统，每个侦探配一套。但现在你还用不到，因为你还没有足够多的线索，而且更重要的是，这案子不归你管。”

警长越说，Notation 的脸越红，现在已红得像甜菜汤了。她深吸一口气，直视警长的眼睛，咕哝道：“我明白了，长官。”

Frank感到非常遗憾。Notation 犯了典型的菜鸟错误，过度优化解决方案。他得告诉她使用优先队列来追踪线索的想法是完全合理的，事实上，他一直在使用优先队列。然而，她问问题的时机却糟到不能更糟了。

“Notation，”警长继续说，“你在这里很有前途。你聪明、上进、有良好的直觉。但是你必须学会服从命令。别最后像Frank那样。”

Notation 想开口抗议，但她看了一眼Frank，扮了个鬼脸，然后紧闭着嘴，一声不吭。她微微点点头，敬了个礼，大步走出办公室。

“Frank，你现在有得忙活了。去吧。”

Frank转身跟着Notation 出去，连头都懒得点一下。

直到来到楼梯前，Frank才开口说话。

“你应该知道Orb区有一个行家，能帮你做便宜的优先队列，他叫Heaperous。他只在上午工作，所以你得等到明天才能找他。”

Notation 停了下来，非常疑虑地看了他一眼，问道："你为什么要告诉我这个，Frank?"

Frank努力做出同情的表情："我听了警长的许多长篇大论。更重要的是，我知道好的数据结构对于调查的价值。"

"如果好的数据结构更有价值，那你为什么不使用优先队列?"她反问。

Frank恼怒地看着她说："我当然在用优先队列。一开始我就一直在用。你以为我一直在用脑袋瓜子记所有的线索吗?"

"什么?" Notation 道，"搞了半天，你一直在用优先队列啊?你为什么不跟警长说?"

Frank笑道："菜鸟，你还要多了解一下警长。首先，警长在对任何东西夸夸其谈时，你不要去打断他。我曾经看到一名侦探被调职去做一个月的笔录，就是因为警长在大声评论豆腐的时候被他打断了。"

Notation 盯着Frank，不知说什么好。

"关键是，" Frank继续道，"有时候你需要自己动手。如果优先队列可以帮到你，不要等着批准。出去买一个用就行。"

Notation 考虑了一下这个建议。最后她点了点头："从技术上而言，购买自己的装备不违反任何政策。谢谢你，Frank。"

Notation 脸上的兴奋几乎让Frank感到内疚。任何镇上行家商店里都可以做优先队列，大多数都与Heaperous的价格相当。但Heaperous 所在的Orb区是市区范围内最远的一个，之所以告诉Notation这家店，是因为Frank需要确保 Notation 能在尽量长的一段时间里不妨碍自己做事。

警用算法导论：优先队列

节选自 Drecker 教授讲义

在警察的职业里会碰到的所有数据结构中，我保证最有价值的是优先队列。就像数据栈和队列，优先队列数据结构让你能插入数据，然后按特定的顺序删除数据。栈和队列的执行顺序由插入的元素决定，而优先队列通过优先级递减来给数据排序。下一个删除的元素是当前队列中优先级最高的元素，而无论该元素是何时插入的。

每个插入优先队列的元素也必须有优先级，或者叫分数。这可以是元素本身的价值，也可以根据不同的函数计算得来。

接下来我们来看看这个有关噪声投诉的案例，它是根据噪声的严重性进行优先排序的。如果按照以下顺序插入这些投诉：

"Exponentiated Expresso的伙计们"（得分= 3）
"Crab's Pinch船夫号子大赛"（得分= 6）
"Swinson农夫的兔子"（得分= 1）
"Swinson农夫的公鸡"（得分= 5）
"Swinson农夫"（得分= 7）

那么从优先队列中检索的顺序如下：

"Swinson农夫"（得分= 7）
"Crab's Pinch船夫号子大赛"（得分= 6）
"Swinson农夫的公鸡"（得分= 5）
"Exponentiated Expresso的伙计们"（得分= 3）
"Swinson农夫的兔子"（得分= 1）

注意，优先队列中的数据并不一定是被排好序的，只能保证按优先级高低顺序提取。在以后的讲义中你将看到，称为堆的数据结构是一种实现优先队列的有效方式，这种方式并不会完全按顺序保存数据。

首都的警察局采用很多种不同的优先级判定函数。如你所料，最有争议的优先队列正是度假优先队列。这个队列仅按照当前剩余假期的天数来排序。之前有人提议过加入其他优先级因素，都被拒绝了。无论你选择的度假地是冰川、海滩或沼泽，都将被平等对待——只看你剩余的假期天数。当然，这样的优先队列最重视公平。它将确保下一名休假的警官是本年度休假天数最少的警官。

— 25 —

用优先队列来解锁

一小拨混混儿正等在Frank的办公室门口。他们本想混进去，但老远就被Frank认出来了。他们中的一个坐在长凳上，一边装作读报纸，一边来来回回打量着整条街。另外三个站在角落旁，正大声讨论最近的体育赛事。Frank走近一听才发现他们在假装聊天：其中一人大声抱怨皇家马球比赛的裁判，另一个在说即将到来的赛马内幕，剩下那个只会时不时地念叨一声“体育比赛”。

只有那个探子成功隐蔽了自己。她等在街对面，随意地靠在墙上。要不是曾经追捕过她，Frank大概就彻底忽略掉她了。她很厉害，或者说，主要是那些小混混儿太差劲了。

Frank没有停下来，接着拐进了小巷子。那群Vinettee集团的小混混儿们正等着他，所以他没法回办公室。略作思考后，他去了一间警察安全屋。离得不远，也很久没有人用过了。幸运的话，他没准还能想起门锁密码。

离安全屋还剩半个街区的时候，Frank听见他身后传来了喊叫声和重重的脚步声。那个探子一定是通知他们了。

“Frank！”一个强壮的恶棍喊道，“我们只是想和你聊一聊。”

其他人都笑了起来，让人觉得这句话好像合情合理，难以怀疑他们的本来动机。Frank拔腿就跑，身后的脚步声也跟了上来。

Frank突然向左急转弯，跑进了一条狭窄的小巷。Frank对这里非常熟悉，他一定要想办法甩掉这些恶棍。他现在必须尽快找到安全屋，因为安全屋门上有把密码锁，所以要进屋需要花点时间，除非他能在第一次就试对密码。

Frank从小巷走到了Flag街上，快速转弯，进入角落里的商店中。他假装在儿童服装货架周围转悠着，同时还向窗外看着。在这个位置能够很好地对商店外边进行监视。

没过一会儿，恶棍们就蜂拥到了街上，胡乱地到处看。间谍紧跟其后并发布命令。她将恶棍分成两组，分别沿着街道的两个方向继续寻找，而她则在胡同的口等着。

Frank一刻也不敢停留。他抓紧时间从商店出来，然后朝着另一扇门走去，这扇门通向一个小巷子。间谍就在Frank身边十步远的地方，背对着他。Frank又悄悄地从巷子里撤了回来，向安全屋走去。假如他足够走运，那些恶棍没想到向店员打听什么的话，他便能争取到更多的时间了。

在安全屋的门口，Frank 尝试着解锁。他先尝试1-1-1。不可否认，这是一个简单的密码。锁没能打开。

Frank咒骂起来，从他上次到过这里后，一定有人更换过密码。Frank现在面临两种选择：第一种是继续尝试密码开锁，但是这可能需要花费很长时间；第二种是去找另一个地方藏身。但他再也想不到另一个安全并且恶棍找不到的地方了，于是他又转身继续面对这把锁。

由于时间非常紧张，Frank 需要提高效率。 密码由三个数字组成，每个数字可能是1—20中的任意一个，所以他面对8000种可能的组合。Frank此刻没有时间进行广度优先搜索或深度优先搜索。 相反，他必须依靠有限的搜索和一些猜测来破解密码。此刻，他必须相信自己的直觉。 Frank从口袋里取出记录优先队列的纸，擦干净，开始把尝试的每一种组合记下。 他为每一个密码组都添加了一个优先级——是他对每组密码可能性的直觉。他开始尝试警察们的常用组合：

1-2-3

1-1-2

1-3-5

Frank将这三个组合的优先级都设为10。

然后，他开始尝试由三个重复数字组成的三元组。如果密码曾经是1-1-1，为什么不使用2-2-2？安全屋很少被使用，所以它很可能只使用简单密码。他列出了19个未尝试过的三元组，并赋予优先级5，现在优先队列中已有22个待尝试的密码。

接下来，他通过负责安全屋警察的生日增加了六个可能的密码组，并赋予优先级8。他还添加了此时能记起的其他警察生日的密码组，并赋予优先级2。

最后，他添加了单词RUN并赋予优先级1。他知道，如果试到该项，就是时候放弃了，他必须找到另一个地方藏身。

现在优先队列中有32个密码组。需要把每个密码组都尝试一遍。在顶部是最高优先级的密码组：1-2-3。Frank 试了一下，锁并没有开。

他大骂一声并把刚才尝试过的密码组从优先队列中删除，此时新的最高优先级的密码组便会自动出现在优先队列的顶部。

在尝试下一个密码组之前，Frank突然有个想法。他们会把旧密码做一些变化后再使用吗？他知道很多警察使用一个组合作为他们的储物柜的密码，并把这个密码中的数字或字母顺序颠倒一下作为行李箱的密码。负责安全屋的警察是否也会这样做？Frank 把3-2-1这个密码组添加到他的优先队列的底部，并赋予优先级9。

1-1-2和1-3-5都不正确，所有优先级为10的密码组都尝试过了。Frank 把它们颠倒后的密码组2-1-1和5-3-1也添加到优先队列的底部，并赋予优先级9。

Frank从优先队列顶部取出下一个优先级最高的密码组3-2-1。这是他刚刚添加的颠倒后的密码组之一。这正是优先队列的魔力，无论你以什么样的先后顺序去添加密码组，你总能得到队列当中优先级最高的那个。

锁开了，密码是5-3-1，密码组中优先级为9的一个。Frank 缓缓地叹了一口气，瞥了一眼，没有Vinettee集团的迹象。他现在安全了。

警用算法导论：数据结构和搜索

节选自 Drecker 教授讲义

正如我们在整个学期的讲座中所讨论的，我们使用的数据结构可以影响算法的实现方式和效率。在深度优先搜索和广度优先搜索的讲义中，我们研究了栈和队列之间的差异，以及它们是如何影响搜索顺序的。在最佳优先搜索中，使用优先队列是数据结构影响算法效率的另一个很好的例子。

从概念上说，最佳优先搜索类似于广度优先搜索和深度优先搜索——在算法的每一步，都会选择一个新状态来进行探索。它们之间最关键的区别在于如何安排新产生的状态的探索次序。使用优先队列可以让我们每次都更有效地挑选出最接近目标解的状态。最佳优先搜索与优先队列是一对完美的组合，是一组极其高效的“数据结构+算法”的范例。

— 26 —

启发式搜索

那个夜晚，Frank反复回顾着所有线索。一边密切关注着窗外的Rebecca Vinettee，一边抱怨安全屋里竟没有什么可以吃的。很快，他意识到这里不只缺乏食物，就连警察大楼里的很多基础设施都没有，例如空白笔记本、羽毛笔及坚实的家具等。这时，Frank在窗户上发现了一个超大的“出租安全屋”（Safehouse for Rente!）标志。还好，目前这里只是修改了密码，还没有被租出去。

几个小时后，Frank 确认Vinettee集团的人找不到自己后，他不再盯着窗外，开始在空荡荡的房间中走来走去，研究案情。确定案件的时间和地点很容易——线索暗示有人明晚会攻击城堡。不幸的是，除了时间和地点，Frank 还没有找到任何有更加价值的线索，特别是：谁去攻击？为什么攻击？怎样攻击？还有一个重要的问题：如何才能偷偷溜出去找点吃的又不被Vinettee集团的人发现？

然而，在一小时的踱步并仔细推敲案件的蛛丝马迹后，Frank 甚至开始怀疑案发的时间和地点了。攻击城堡的意图似乎太过明显，并且警察们都已准备就绪。Socks 甚至将此消息告诉了他所熟知的每个人，并让他们特别留意。

Frank停下来，猛然意识到Socks可能有问题。Frank恢复了原有的理智，“我就知道我不应该相信任何人”，Frank的脑海中重演了过去几天发生的事，这次他厘清了种种迹象。他警觉到是Socks“不小心”点燃了监狱中的文件，并毁掉了证据；他应该意识到有人已经将他去披风商店的消息泄露了出去；他至少应该对那次荒谬又凑巧的几桶腌鳗鱼救援行动产生怀疑。但最重要的是，Socks 曾经错误地将一个点加入了二叉搜索树，可没有任何一个二叉搜索树专家会犯这样的错误。无疑，Socks 一直令人怀疑。不过话又说回来，Frank也一直在怀疑每一个人。

这种想法给他带来了更多的问题，而且时间和地点的问题还是没能解决。 如果Socks 一直在给他们提供虚假信息，那么Frank不得不质疑每一件事。巫师要做什么，怎么做？ 作案动机是什么？不过Frank发现，每当他摸透精心设计的情节时，犯罪者往往会无缘无故、喋喋不休地谈论案发动机。此时，他也已放弃溜出去寻找食物，尽管肚子不停地咕噜咕噜叫。

“魔法面具将如何实现伪装？”Frank喃喃自语道。如果盗贼计划攻击城堡，他们还会用这个面具吗？或者弃之，想办法使Marcus魔法身份徽章失效？难道他们只是需要借助它闯入警察局吗？盗贼循着的是什么样的规律？Frank开始在他的笔记本中一一列举问题，很快这些问题的数量超过了已有线索的数量。

Frank开始思考接下该采取什么措施。时间非常紧迫，他需要深入研究启发式搜索算法——如何依据经验来帮助算法快速达到目标。比如说，搜寻一只丢失的乌龟时，因为乌龟行动缓慢，所以Frank使用“附近优先”的寻找法则；在车站寻找最新鲜的咖啡时，他依赖“大咖啡壶优先”的法则，因为这种经常是最近刚泡的；在前往一个位于未知城市的高大城堡时，“优先沿着城堡方向行走”的法则通常能让他仅仅遇到几个死胡同后就抵达目的地。启发式搜索并非永远完美无缺，但往往能提供有用的信息。

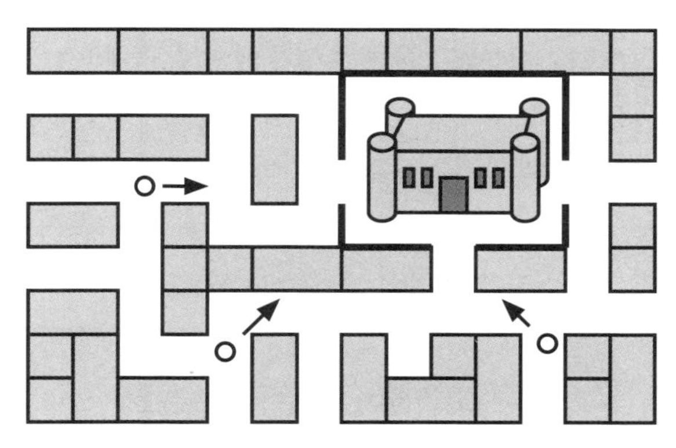

在警队工作期间，Frank逐渐喜欢以“优先追查最可靠线索”的方式来进行启发式搜索，因为特定名称和实物证据总好过那些流言和无端的揣测。

在Frank的职业生涯中，只有一次查案忽略了使用启发式搜索。当时，“玻璃箱”Billy对于一次即将发生的盗窃案已留下多种提示。首先，Billy告诉Frank逃亡车的准确等候地点、车型甚至车轮发出的特殊声音。另外，Billy在玩飞镖游戏的喧闹欢呼声中无意间听到了谣言，说Rebecca Vinettee也亲自参与了，而且目标和鱼有关系。

但是Frank忽略了所有更有效的搜索算法，而是选择直接去追捕

Rebecca Vinettee。他明白在他们装好车之前Rebecca Vinettee可能就会消失，或可能利用另外一个路线退避到藏身处。他需要在她消失之前逮住她。他监视了首都的鱼仓，那里离逃跑的车辆仅隔两个街区。

事后警长声嘶力竭地解释道："鱼仓虽然与此处仅相隔两个街区，但是在另一个方向！"另外，Orb商场与逃跑的车辆只相隔四分之一个街区，一伙与Vinettee集团毫不相关的人偷窃了64块高质量的球状玻璃宝珠和两个立方宝珠，装上车逃跑了，车轮子令人讨厌地咯吱咯吱叫，就像Billy说的那样。Frank对Billy提示的描述，以及他坚持应该始终怀疑Vinettee集团的做法，都没能让警长信服。

但是，在目前的情况下，Frank甚至连模糊的线索也没有了。他已经用尽大部分可靠线索，早就开始凭猜测和怀疑办案了。如果想要取得任何进展，就需要更多信息。他转向自己第二种最可信赖的搜索法：当走进死胡同时，收集更多信息。他需要知道更多有关魔法面具的信息：如何使用面具，何种防御魔法能够挫败它。面对这种情况，他必须找到一位专家才行。

警用算法导论：启发式搜索

节选自 Drecker 教授讲义

启发式搜索就是依据经验来帮助算法快速达到目标。你可能亲耳听某些警察说启发式搜索法只不过是随意乱猜，但你也能看到这些警察同样是在依靠过去帮过他们的那些经验技巧和法则。当然，与你所能得到的信息一样，不同的启发式搜索算法质量不同，认清这一点是非常重要的。

启发式搜索算法的一个最显而易见的例子是在生活中导航。不管你要穿越蜿蜒的迷宫、寻找一个未知城市，还是要找到通往餐厅的路，你都会发现自己在使用启发式搜索作为指导。如果有两条道路，你要先走哪一条？一种通常可靠的常见搜索法是根据简单的距离测量来进行优先选择。我喜欢的方法是使用“和鸟类飞翔路径”一样的距离测量法：如果路上没有挡路的东西，目标有多远？在实践中，这种搜索法意味着我总是要选择看起来让我离目标更近的路径——至少这条路径的方向是正确的。在这条路上，我可能会走进几个死胡同，但就整体而言，我发现这是一种有效的搜索法。

当然，还有很多糟糕的启发式搜索法。警察们如果在使用新的搜索法时没有仔细检查的话，就很容易让自己深陷麻烦中。几年前，一位年轻的警察创造了一种特别不好的搜索法。在捣毁一个走私集团取得前所未有的成功之后，他认为所有的调查必须从码头上开始。事实证明这种启发式搜索法是错误的，并没有帮助他朝正确的方向进行调查，而是经常让他很快就走进死胡同。在18次的调查失败后，他的警长就让他永远从事巡逻码头的工作了。

要注意启发式搜索并不是胡乱猜测，而需要在掌握一些有用信息的基础上根据具体问题情况正确使用。

— 27 —

警察学院中的“堆”

第二天一大早，Frank就从安全屋里溜出来，穿过市中心到警察学院去了。只要到了学校，看到身边有很多警察、学员和退休警官，他就会觉得很轻松。他甚至笑着大摇大摆地走过了通往学院办公大楼的院子。

Frank很多年没有来这里了。学校有一条规定，需要教授们一直保持办公室的门是打开的，以方便学生随时来问问题。然而实际情况是只有很少的学生会主动利用这个学习机会，大多数学生则是到考试前一天晚上才意识到自己有多少不会的知识，Frank则要更晚，他一直要等到考完试看到卷子后才能发现自己有多么无知。

扫一眼大门口的教职工目录就可以发现，Loop教授占用了整个顶楼的私人办公室。Frank并没有感到惊讶。教职工大楼特殊的设计令办公室的分配备受争议。每层楼的办公室数量都是下面一层楼的二分之一。这意味着你在更高层享受更广阔美景的同时，办公室的面积也变成了下一层办公室面积的两倍。在几年的争抢后，院长颁布了一个基于教龄的严格规定——每个人的教龄都必须比其楼下办公室的人的教龄长。结果，他把教职工大楼变成了一个“堆”。

<table>
<tr><td colspan="8">70</td></tr>
<tr><td colspan="4">40</td><td colspan="4">61</td></tr>
<tr><td colspan="2">11</td><td colspan="2">30</td><td colspan="2">35</td><td colspan="2">52</td></tr>
<tr><td>10</td><td>8</td><td>22</td><td>18</td><td>11</td><td>5</td><td>12</td><td></td></tr>
</table>

Olivia Loop博士是巫师犯罪学的教授，她的教龄有70年之久。只有研究浮点运算的Babbleton教授可以与她比肩，他有61年的教龄。

Frank走到最顶层时，他大口喘着气，在想95岁的老教授是如何爬上来的。不过她每天爬上爬下，也确实得到了锻炼。

“进来，”Loop教授的声音从开着的门里面传来，“快坐下，免得摔倒了。这个楼梯对于像你这样的年轻人来说有点强人所难了。”

Frank走进了办公室，非常感激地瘫倒在Loop教授桌前的木椅上。他气喘吁吁了好一会儿，Loop教授则静静地看着他。

“不错的办公室！”Frank终于能开口说话了。

“确实不错，不是吗？”Loop教授说，“我等了70年，就为了在这个办公室工作，70年！Iterator教授拒绝退休也是为了这个，而我耐心地等到了这一天。你知道Iterator教授宣布退休的那天发生了什么吗？”

Frank摇摇头，还是有些喘不过气，说不出话来。

“有一个年轻又自命不凡的人，也就是Lambda教授，想强占我的办公室！”

“真的？”Frank气喘吁吁地说。

Loop教授耸耸肩：“你应该知道，在警察学院，退休一直都是一件令人激动的事情。因为实行了教龄制度，只有教龄最长的教授可以退休，一旦有人退休，所有人都想找机会搬到更好的办公室去。

“其实，这都是Iterator教授的错。在执教75年后，他终于搬走了，路上还碎碎念着他的一些烦人的学生。但他退休这件事，他只告诉了一个人——Lambda教授，一位只有11年教龄的教授。

<table>
<tr><td colspan="8">75</td></tr>
<tr><td colspan="4">70</td><td colspan="4">61</td></tr>
<tr><td colspan="2">40</td><td colspan="2">30</td><td colspan="2">35</td><td colspan="2">52</td></tr>
<tr><td>10</td><td>8</td><td>22</td><td>18</td><td>11</td><td>5</td><td>12</td><td>11</td></tr>
</table>

“他不顾我们的系统，直接从他寒碜的办公室搬到了顶楼。哈哈！每次有人退休，这种事就会发生！这栋大楼里底层一个办公室的教授直接跑到顶楼去，试图占有那里的办公室。我告诉你，一旦有办公室空出就会这样！

<table>
<tr><td colspan="8">11</td></tr>
<tr><td colspan="4">70</td><td colspan="4">61</td></tr>
<tr><td colspan="2">40</td><td colspan="2">30</td><td colspan="2">35</td><td colspan="2">52</td></tr>
<tr><td>10</td><td>8</td><td>22</td><td>18</td><td>11</td><td>5</td><td>12</td><td></td></tr>
</table>

“当我听说Iterator教授的离开时，我直接跑到了顶楼，希望宣告这个办公室是我的。它确实应该是我的，你知道吗，我是唯一一个符合规定的人，我在这里工作了70年。但是有着61年教龄的Babbleton教授听说我跑上去了之后，他也想试试争取这个办公室。他们每次都这样。

<table>
<tr><td colspan="8">11</td></tr>
<tr><td colspan="4">70</td><td colspan="4">61</td></tr>
<tr><td colspan="2">40</td><td colspan="2">30</td><td colspan="2">35</td><td colspan="2">52</td></tr>
<tr><td>10</td><td>8</td><td>22</td><td>18</td><td>11</td><td>5</td><td>12</td><td></td></tr>
</table>

“只要有一个办公室空出来了，楼下的两个教授都会跑上去声称这个办公室是自己的。所以在这样的情况下，我和Babbleton教授必须与Lambda教授争抢最好的办公室。

“就这样，Lambda教授、Babbleton教授和我，我们吵了一个多小时，Lambda教授根本没有权利来争夺，大家都心知肚明，但他固执地争了很久。终于只剩我和61年教龄的Babbleton教授在争吵。最后，我赢了，我逼迫只有11年教龄的Lambda去了我的旧办公室，有着61年教龄的Babbleton仍待在他原来那个办公室。

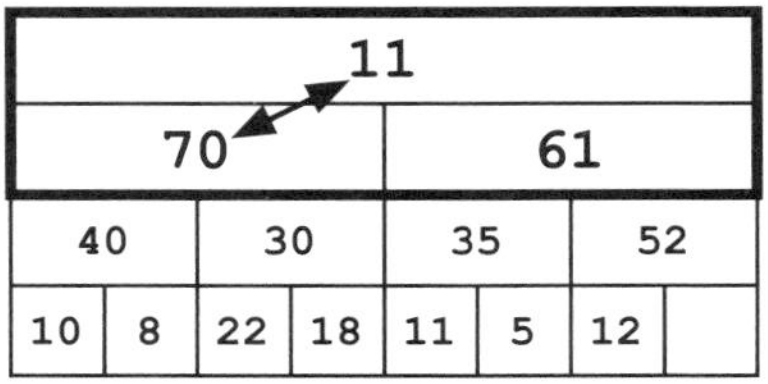

<table>
<tr><td colspan="8">11</td></tr>
<tr><td colspan="4">70</td><td colspan="4">61</td></tr>
<tr><td colspan="2">40</td><td colspan="2">30</td><td colspan="2">35</td><td colspan="2">52</td></tr>
<tr><td>10</td><td>8</td><td>22</td><td>18</td><td>11</td><td>5</td><td>12</td><td></td></tr>
</table>

“Lambda教授把他的东西带到了我原来的办公室，但是那个可怜虫发现又有两个教授等着他，他们是我原先办公室楼下的两位教授，正在争取搬上来的机会。

<table>
<tr><td colspan="8">70</td></tr>
<tr><td colspan="4">11</td><td colspan="4">61</td></tr>
<tr><td colspan="2">40</td><td colspan="2">30</td><td colspan="2">35</td><td colspan="2">52</td></tr>
<tr><td>10</td><td>8</td><td>22</td><td>18</td><td>11</td><td>5</td><td>12</td><td></td></tr>
</table>

“他们都比Lambda更有资格占用我原先的办公室，他们的教龄分别是40年和30年，这次他们没有吵得太厉害，Variable教授赢了，毕竟他工作了40年。

<table>
<tr><td colspan="8">70</td></tr>
<tr><td colspan="4">11</td><td colspan="4">61</td></tr>
<tr><td colspan="2">40</td><td colspan="2">30</td><td colspan="2">35</td><td colspan="2">52</td></tr>
<tr><td>10</td><td>8</td><td>22</td><td>18</td><td>11</td><td>5</td><td>12</td><td></td></tr>
</table>

“不幸的Lambda教授又搬到了楼下，这次，Lambda办公室下一层的两位教授都比他年轻，我觉得他应该感到高兴，因为他赢了，他终于让其他教授吃了闭门羹。

<table>
<tr><td colspan="8">70</td></tr>
<tr><td colspan="4">40</td><td colspan="4">61</td></tr>
<tr><td colspan="2">11</td><td colspan="2">30</td><td colspan="2">35</td><td colspan="2">52</td></tr>
<tr><td>10</td><td>8</td><td>22</td><td>18</td><td>11</td><td>5</td><td>12</td><td></td></tr>
</table>

“其实Lambda教授还是很幸运的，”Loop教授解释道，“他本想占有顶层的办公室，却意外地搬到了办公楼中有较多年轻教授的一边，这使得他最终还是比之前上升了一层。规定只说过楼上的办

公室的教授必须比其楼下办公室的教授教龄更长。所以Lambda教授现在纯粹靠运气赢得了二楼的办公室，但是还有比他教龄更长的教授在一楼呢。”

Frank静静地等老教授把故事讲完，但老教授听起来好像有说不完的话，他试探地问道：“Loop教授，我可不可以占用您一点时间？我想问您一些问题。”

“当然可以，”Loop教授说，“我猜是关于这周的作业问题吧！”

Frank愣了一下，立刻回过神来，“什么？不是，我现在已经不是这里的学生了。”

“你现在还不是吗？那你应该考虑加入警队，这可是一个很光荣的职业。”

“我十年之前就毕业了。”

“是吗？”Loop教授耸了耸肩，“教书教久了，学生们都不记清了。”

“好吧，”Frank说，他绝望地找回被打乱的思路，“对了，我想知道关于安保的咒语。”

“哦，我并不教魔法，”Loop教授说，“我教的是巫师犯罪学，这是一门……”

“我上过您的课，”Frank打断道，“我不想知道如何施展咒语，我只想知道有哪些类型的安保咒语，尤其经常会在警局使用的。”

Loop教授的表情突然变得严肃起来。“这是非常敏感的信息，”她说，她的声音变得冰冷，“只有很少一部分人知道。”

“这也是我来这里的原因。”Frank说。

“你到底为什么需要这个信息？”她问。

“我在调查首都警局的盗窃案。”他回答道，心里想：她先是胡言乱语地说了一通故事，现在居然又要盘问我？我时间可不多了。

“我需要看你的警徽。”Loop教授伸出手来。

Frank从他的披风口袋里找出私人侦探的徽章，扔在她的桌上。

"私人侦探？"Loop教授笑了笑，然后她的声音又变得非常强硬，"给我出去。"

"Loop教授……"Frank的声音被插销的上锁声打断。

警用算法导论：堆

节选自 Drecker 教授讲义

最大堆是基于二叉搜索树的数据结构，它的每个节点与其子节点之间需要时刻维持有序关系。具体来说，堆在存储元素时一定要遵循堆的特性，对于最大堆，树中的任意一个节点的值都要大于（或等于）其下面的所有节点。这种结构允许最大堆高效地支持几个非常重要的操作：（1）找到最大的元素，（2）删除最大的元素，（3）插入任意元素。这三个操作使得堆成为实现优先级队列的理想数据结构。

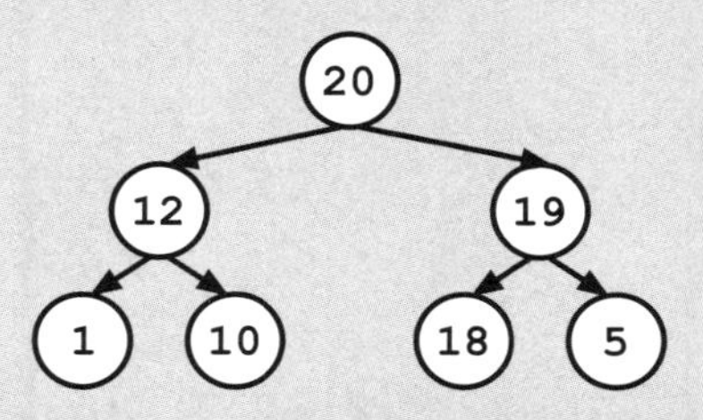

堆看起来像一棵树，它很容易通过数组来实现，其中数组中的每个元素对应了树中的一个节点，根节点位于索引0处，如下页图所示。子节点索引可以通过父节点的索引计算得到。具体来说就是，索引i处节点的子节点位于索引$2 \times i+1$和$2 \times i+2$处。因此，索引1处节点的两个子节点分别位于索引$(2 \times 1)+1=3$和索引$(2 \times 1)+2=4$处，如下页图所示。

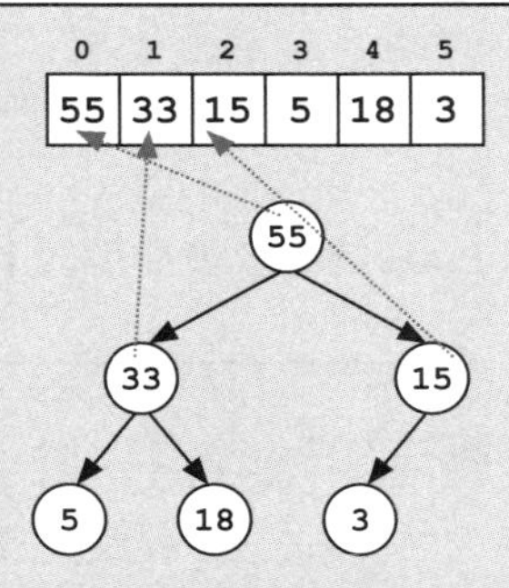

有时为了简单起见，一些堆在实现的时候直接跳过了数组索引0。根节点被放置在索引1处。在这种情况下，索引i处节点的子节点位于索引$2 \times i$和$2 \times i + 1$处，这使得索引计算更为简单。无论哪种方式，都可以便捷地通过父节点的索引值来计算出两个子节点的索引值，也可以通过子节点的索引值计算出父节点的索引值（子节点的索引值除以2后向下取整便可得到其父节点的索引值）。

由于根节点（数组中的第一个元素）总是最大堆中的最大值，因此你可以始终在固定时间内获取该值，而不论数组中还有多少其他元素。这使得用户可以有效地查找优先级队列中的最高值元素。

如果你想添加一个元素或删除最大元素，这个过程会更复杂，需要首先打破堆的特性，然后再逐步恢复堆的特性。

为了添加一个新元素，首先将新的元素添加到数组的最后面（即树底层中的第一个空白处）。如果新添加入节点的值大于其父节点的值，这将破坏堆特性，因此需要将此节点向上移动，直到它不再大于其父节点的值，并重新恢复堆的特性。也就是说，如果新加入节点的值大于其父节点的值，就不断地将该节点的值与其父节点的值进行交换。例如，如果要将60这个数添加到前面的堆中，则首先将它插入底部，然后将其向上移动，进行两次与上一级节点的交换操作。因为第一次在与15交换后，该节点的值仍然大于其新的父节点55，所以还需要再与55交换一次。

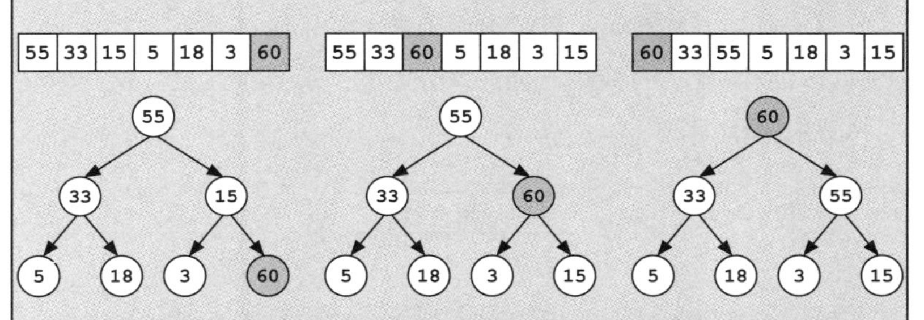

删除最大值元素也是类似的。将原来的最大值与数组的最后一个元素交换位置，使原来最后的那个元素成为新的根节点。

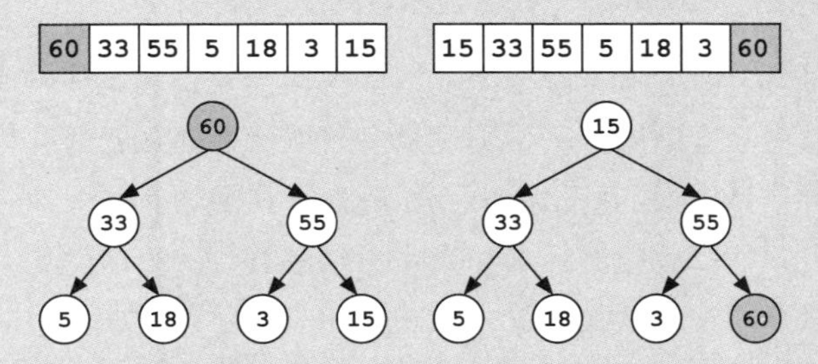

接下来删除现在最后的这个元素就可以了（此时原来的最大值已经成为数组的最后一个元素）。虽然现在已经正确地删除了原来的最大值的节点，但这个操作也破坏了堆的特性。

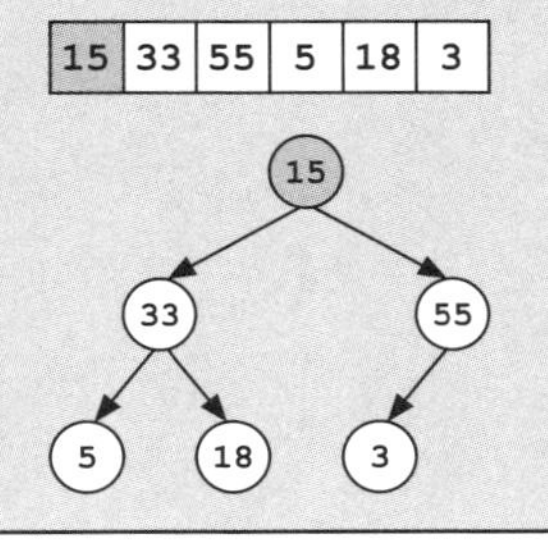

我们需要从新的根节点开始沿树向下调整该节点，以恢复堆的特性。在树的每一层，我们将该节点的值与其子节点进行比较。如果该值小于它的任何一个子节点的值，就需要将该值向下移动，并将两个子节点中值较大的那个子节点与其交换位置，以恢复堆的特性。直到该节点的子节点都比这个值小时，就结束操作。

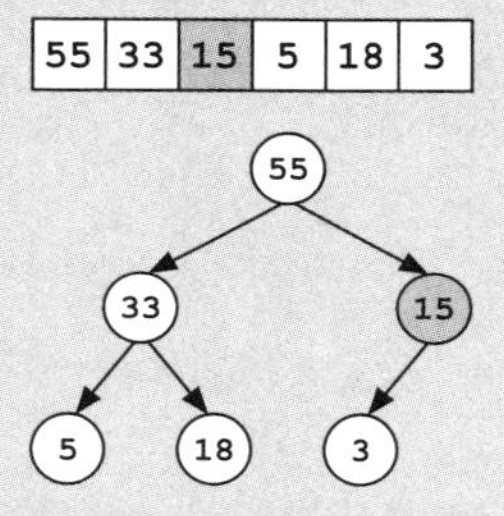

插入新元素和删除最大元素的操作都需要我们从树顶部逐层调整直至合适的位置，不过最多只需从顶部到底部调整一遍。如果要往堆中增加一倍的节点，只需要在堆的底部增加一层节点即可，所以此时的插入和删除操作依然很快，即使是一个大的堆也会很快。换句话说，虽然堆的节点总数增加了一倍，但堆的层数只增加了一层，插入和删除操作仅比原来多交换一次。此外，由于上述插入和删除操作可以保持树的平衡，所以之后的操作也同样是高效的。

— 28 —

搜索难题

“你给我出去！”Loop教授又说了一遍。

“我是来谈公事的。”Frank回应道，并没有站起来。他能听到身后轻轻的脚步声，有人正拿着十字弓向他靠近。

“不太可能，”Loop教授说，“我认识Donovan警长很久了，他不是那种依靠私家侦探的人。在我印象中，他总喜欢选择直面新的挑战，并让好事之徒远离他的案件。”

Frank的手准备伸向口袋。

“别想轻举妄动！”他身后传来粗重的声音。

Frank心中的怒火开始燃烧，他最恨别人拿着十字弓在背后指着自己。“只是一张羊皮纸。”他咬牙切齿地说。

“那就慢慢拿，”那个粗重的声音说，“要是敢快了，我就射箭。”

Frank默默叹了口气。只有一种人会这样说话——Boolean家族。Boolean家族非黑即白的世界观使他们成为了非常能干的警卫。你不可能通过说服Boolean家族中的任何一个人来让自己脱身。在Boolean人看来，要么你破坏了规则，要么没有破坏，没有其他可能。

Frank极其缓慢地取出警长的信，身体往前倾，花了整整一分钟才将信放到桌面上。他没有靠回去，此时的动作越少越好。

Loop教授研究了一会，向她的警卫点点头。Frank听到十字弓的保险扣上了。他松了口气，靠回椅背。Loop教授挥手示意警卫出去。

“你让Donovan警长给你写了一封介绍信？”Loop教授问道。

“如你所说，这是一个敏感话题。”Frank回答。

“你应该听说过我的声望吧？”Loop教授轻声笑道。

“我上过你的课。”Frank低声含糊地说，Loop教授没有听到。

“所以，你正在调查盗贼。你想知道什么？”

一瞬间，她的态度发生了180度转变。她的眼睛快速扫过Frank的脸，仿佛在分析每一个反应。所有幽默的语气全部不见了，只剩下公事公办的态度。Frank想知道她刚才愉快的闲谈中有多大成分是逢场作戏。巫术犯罪学是一个危险的领域，而Loop教授却一直能够幸存下来。

“警察局有哪些保护魔法？”Frank问道。

“基本的报警咒语，”Loop教授说，“这些咒语可以发现哪些人在警察局使用了魔法，但不能预防。”

“为什么不采用魔法屏障？”

“不切实际，”教授解释道，“警察局雇佣了太多的巫术顾问。他们需要给证据施加神圣咒语，给囚犯施加真理咒语，给档案施加魔法反射咒语，以及给午饭施加再加热咒语。”

Frank点点头，想起来一次有关魔法优先队列的谈话。

“无论如何，这太过于昂贵了，”Loop教授补充道，“只有皇家城堡和监狱配备了基本警报咒语之外的咒语。城堡拥有一大堆的保护咒语，但没有抑制咒语。Marcus为国王做了太多的事情。”

“所以说有人能够在城堡里使用魔法？”Frank想确认下。

“他们可以，”Loop教授回答，“但是这样做不太明智。城堡拥有十多个保护咒语，可以阻隔攻击性魔法。Fredrick国王也雇佣了六个巫术警卫。他们虽是新手，但也能解开基本的咒语，况且还有Marcus。很少有巫师想跟他交手。”

“使用魔法神器怎么样？”

“额，这是个好问题。这取决于魔法神器本身。当然，城堡拥有针对武器类神器的保护咒语，但是没有人可以抵抗所有神器，因为种类实在太多。鉴于多数神器无须新的魔法（之前已经被施魔法），监狱里的咒语阻隔的咒语甚至都起不了作用。”

“什么？”Frank问道，“我以为监狱不受任何魔法的影响。他们不是关押了邪恶巫师吗？而且Exponentious不是也被关押在里面吗？他曾经试过使用魔法毁灭整个王国。为什么他们不直接阻隔所有魔法神器？”

Loop教授干笑了两声：“要让你失望了，你无法阻隔所有神器。但也不用太担心，这些巫师对最强大的囚犯进行了很好的警卫。并且，所有的囚犯在抵达监狱时都要先进行彻底的搜身。”

“监狱还有哪些其他的保护措施？”Frank继续问，随着了解的越来越多，他开始变得害怕起来。

“我们来仔细看看，”Loop教授说，她开始在清单上用手指打钩，“石墙、护城河里布满暴躁的獾、100个警卫、重型橡树门、一些装饰性松木门、每条走廊里的轻度作呕咒语、困难搜索咒语，还有……”

“困难搜索咒语？”Frank打断道。

“这也不是什么新鲜事物了，”Loop教授解释道，“在施加咒语阻隔的咒语之前，他们在监狱里施加了大量的保护咒语。”

“那么困难搜索咒语是什么意思？”Frank继续问，一股恐惧感在心中升起。

“它让人很难找到某个囚犯的房间。更准确地说，它能够神奇地交换房间。如果你把这些房间想象成一个巨型的数组，那么困难搜索咒语相当于一个交换数组下标的算法。它每天半夜都会对所有房间进行随机交换。

“这使得任何想要从监狱中救出罪犯的想法都很难实施。由于数组值之间没有结构，闯入者只能依靠穷举搜索。并且，因为房间每天重新打乱，你无法在几个晚上完成搜查。监狱警卫都抱怨这种随机性很讨人厌。他们每天需要花费几个小时才能完成点名。不过我听说他们最近想出了一个游戏叫作‘猜猜下一扇门后的会是谁？’，赌注最高已经达到每扇门一个元宝。”

“他们是否记录新房间的位置？”

“不，那样就毁了所有的目的了！如果他们制作一份所有囚犯所在房间的地图，类似于倒排索引，那么你就能找到囚犯了。如果你能闯进首都警察局的档案室偷走房间分配资料，那这个咒语还有什么用？这个咒语的目的就是让闯入者花费数个小时在监狱里寻找，而这显然无法实现。所有警卫都相互认识。”

Frank终于了解完所有情况了。警长曾说过，Unnecessary Complexity联盟是那个邪恶巫师Exponentious的追随者或同谋，他是皇家监狱里最危险的犯人。每个人都在担心这个联盟正在策划再一次的反击，甚至可能袭击城堡。但是实际的策划简单很多。联盟正在策划劫狱，他们打算解救联盟领导。Frank从椅子上跳起来，幸好身后的十字弓箭手早就不在了，他冲向门口。

“谢了。”他回过头来说，开始下楼梯。

Frank找到Notation时，他上气不接下气，费了很大的劲儿才说出：“需要你的帮助……劫狱……今晚……巫师。”

Notation看了他足足五分钟，有些担忧，有些兴趣，但又有种被打扰到的气愤。“快说，Frank。”她最后终于说道。

Frank仍然弯着腰，双手撑在膝盖上，以一种警告的眼神看着她。

“你一路跑来找我，”她说道，“我刚才听到你喘着气说需要我的帮助。”

Frank无视了她的意见。“我想明白了，”他终于有气力讲话了，“巫师们准备今晚劫狱。”

Notation看起来很惊讶。“劫狱？Socks劫狱想干什么？”

“等等。你怎么知道是Socks？”Frank问道，有些出乎意料。

Notation很迷惑：“你什么意思？我以为你怀疑他一段时间了。不是吗？他一点也不狡猾。”

“是的。是有些蛛丝马迹。”Frank没有正面回应。

Notation沉默下来，盯着地面，她的大脑飞速运转着，试图将其余的事件联系起来。突然，她的表情变得灰暗了，又看回Frank。“为什么告诉我这些？”她问道，“我现在不管这个案子了，还记得吗？”

Frank盯着她，难以置信。“你怎么能让那种事阻拦你的脚步？”他问道，“难道你不想抓住这些盗贼吗？”

“我当然想，”Notation简短地回答，“但是警长说过……”

“忘记警长吧，”Frank打断了她的话，“这是你的案子，无论他说了什么都不重要，不是吗？”

Notation看起来有些矛盾，Frank抓住这个间隙。

“听着，”他补充道，“想要抓住这些贼，我需要帮助，这次我不能调集警察，至少现在还不行。我很确信其中一个恶棍正假扮一名警察，但是我不知道他是谁。在我搞清楚之前，我无法相信任何人。”

“那么为什么相信我？”Notation反问。

“因为你在这里。”Frank说。

“这不是一个好理由！”Notation说，显然被这句话的隐含意义冒犯了。

“不是那样，”Frank说，试图打消她的反对意见，“我的意思是，因为你在这家店里用你自己的资金购买定价过高的‘堆’。这说明你很关心自己的工作。更重要的是，如果你以某种方式参与到巫师的劫狱中，你将很容易让邪恶巫师联盟给你做一个魔法‘堆’。只要有更好的选择，任何心智正常的人都不会直接走到Orb区。”

Notation站在那儿，直视着Frank。

“是你让我来这里的！”她咬牙切齿地说道。

“这也是好事，”Frank说，“因为我可以准确地知道今天上午在哪里可以找到你。这是全世界最简单的搜索问题，如同在一个数组中去找一个已知下标的值一样简单。我只需要直接来到Heaperous的店。不过我的确是跑过来的，”Frank承认，“我想到你会来得早一些，我不想与你错过。”

Notation看起来还没有完全释怀：“你让我来这里是想验证我是否参与此次阴谋？”

“不，我让你来这里是不想让你参与其中，”Frank承认道，“我只在跑来途中想过证明这一点。我以为……”

“你不相信我？”Notation冷冷地问道，听起来每个字都像是在谴责Frank。

“不要认为这是针对你个人的，”Frank说，“我不相信任何人。”

“你……你……”Notation气急败坏地说，渐渐涨红了脸，显然无法说完对Frank的指责。

几分钟后，Frank说：“你要加入吗？”

她僵硬地点点头。

“好，”Frank说，“两个小时后在监狱门口见面，带上十字弓。”

Notation再次点了点头。

“还有一个碗。”Frank补充道。

“一个碗？”Notation问道，暂时从愤怒中走出来，很是惊讶。

Frank开口大笑：“监狱的走廊里有一些轻度作呕的咒语。你可能需要一个碗来呕吐。”

警用算法导论：期末考试复习课

节选自 Drecker 教授讲义

如果你从这门课中只学到了一样东西，那么应该是：高效算法的关键在于信息。当遇到一个新的问题时，应该花些时间理解这个问题的结构和它的数据。问题拥有的结构越多，你越有可能使用这些信息。正如你所看到的，在一个有序数组中找到一个值比在一个完全随机的数组中找到一个值要简单得多。有时候，你甚至可以建立附属的数据结构，例如堆或逆向索引，以提供所需要的结构。尽管如此，解决问题的第一步始终应该是理解问题。

— 29 —

搜索终点站

午后十二点零一分，门吱吱地打开了，一名警卫把头探进黑暗的监狱。他举着火把慢慢地扫视着房间，直到他的目光落在了正在熟睡的囚犯身上。

“主人？”警卫轻轻地叫了一声。

犯人动了动，坐起身来，看着警卫。

“主人，我是……”警卫刚准备说话，又把话咽了回去。

Frank坐在监狱的床上向他招手。

警卫转身就跑，但Notation走进来，手里端着巨大的弩箭。

“我……我只是在轮班。”警卫说。

Frank哼哼一笑，摇了摇头。“慢慢地，把火把递过来。”他指示道，“我的这位朋友刚从警校毕业，她在射弩比赛上曾拿到了最高分。”

“其实是第二名。”门口的Notation说。

Frank叹了口气：“你确定现在是你该谦虚的时候吗？”

“抱歉。我只是想准确点。”

“刚刚那是个威胁，Notation，威胁是可以稍微夸张点的。”

“抱歉。”她重复道。

“总之，情况还是一样。她手上有一把弩，并且使用得比所有人都好，除了她的一个同学之外，请把火把递过来。”

警卫环视了一下房间，试图寻找逃生的机会。他发现无路可逃后，身子慢慢前倾，把火把交给了Frank。在Frank伸手去拿火把的时候，警卫突然将火把朝他的头部挥去，空气中发出火苗嘶嘶的声音。

Frank将头左倾，躲开火焰。警卫又挥了一下，但Frank站稳后将火把从警卫手中夺了过来，而这时，Notation从背后将警卫推倒了。他绊了一下，摔在了床上。

Frank摇了摇头：“动作太明显了，小子，”他说，“想用火把攻击我是错误的选择，你连碰都碰不到我，不过，倒是勇气可嘉。”

警卫无语地朝Frank眨了眨眼睛。

“现在摘掉那愚蠢的面具。我们知道是你，Socks 。”

“Socks ？是谁？我从没听说过有谁叫Socks的。”警卫装模作样地说道。

“Socks ，摘下面具。”Frank重复道。

警卫犹豫了一会儿，才把手伸到脖子后面，解开扣子。监狱里响起一阵奇怪的沙沙声，他的脸融化成一个精致的面具。警卫将面具从脸上取下，露出了他的真面目——真的是Socks。

“你是怎么知道的？”Socks 问。

“从许多细节上。”Frank说，“第一，你一直跟踪我们，但却直到Vinettee集团将我们团团包围之后你才现身。他们是出了名的残忍帮派，但他们在面对俘虏洋洋得意的时候，就不那么聪明了。他们不小心泄露了你的计划，形成了真正的威胁。不过你自己的行动已经可悲到足以让我们猜到了。

“虽然你在Frayed Cable 岛的行动不太可疑，但是你掉落的魔杖摧毁了我们办案的证据。你出现在监狱外的大门并阻挠我们行动，又在你自己有生命危险的时候及时用了弱化金属的咒语。而且你用的加速锈蚀的法术，和被用来袭击车队的法术是一样的。”

“你也拒绝帮我们撬开监狱的门，最后还是我提议单独爬过去的。”Notation补充道，“我想如果我们找到了文件，你是想留在那里的。”

“为什么那时候不和我对峙？”Socks 问。

“我那时不确定该相信谁，”Frank坦言道，他做了个手势指向仍端着弩站在门边的Notation，“她告诉我，她在离开监狱之后就开始怀疑你了，但是没有确凿的证据。 当我建议大家分头行动时，她便无法继续监视你了。”

“我还以为Frank说分头行动是为了把你支开。”Notation说。

Frank决定永远不要提起他当时的目的：想把他们两人都从自己身边支开。那时他对Notation的怀疑重于对Socks的怀疑。他当时建议分头搜索是为了便于自己单独调查线索。

“我必须承认，”Frank继续说，“你在整个监狱里的表演很好。我真以为当时有人袭击了你。那时，我对袭击者没有逗留这一点很困惑，但却忽略了我的直觉。我应该早点看清的。

“有一点我倒是不明白，为什么你要关上门，为什么不直接走人并丢掉你的魔杖？”

Socks 耸了耸肩说道：“门被锁上是意外。我不是有意想把我们锁在里面的。我假装要闪人的时候，袖子挂到门上了。”

“你演的倒是很像，” Frank说，“给我们设陷阱确实可以让袭击看起来更可信。”

Socks 耸了耸肩，脸上闪过一丝骄傲。

“然而，最重要的是，二叉搜索树是你露出马脚的关键，”Frank说，“任何学过二叉搜索树的人都知道，插入新节点应该从根处开始。你的错误意味着两种可能，要么你不是自称的专家，要么你是在试图破坏这棵搜索树。”

Socks 笑了。“不错，”他说，“我认为我的蹩脚巫术已经足够打败了你们了。”

“你很厉害，”Frank坦言，“厉害到让我忽略了这么明显的事。”

“谢谢夸奖！”Socks 说，“在学校时，我在Babbageville的社区剧场曾有过好几季演出呢。”

Frank说：“我猜这也是为什么在抢劫档案室时你被选来冒充新的调职人员的原因。不得不承认，我从来没有弄清楚你要冒充的到底是谁。”

“我会选择适合的人，而我可以选择的很多。”

Frank点了点头，这确实说得通，说道：“只怪驻地对监狱分配不做记录。我猜你清空了档案架上所有可能关于监狱分配、告示、监狱和囚犯的资料吧，你偷了那么多文件，却毫无用处。”

“值得一试。”Socks说，“这里有这么多监狱，但你怎么知道我的目标是监狱呢？我甚至都没有提起过。”

Frank笑了笑说：“对城堡的攻击，这是你故意给我们的错误提示，”他解释说，“你想借此引开监狱的警卫们，是一个不错的计划。如果我没有和Loop教授聊天的话，可能就不会想到你的计划。”

听到Loop教授的名字，Socks 怒目圆睁：“她？她多年来一直是邪恶巫师的眼中钉。你知道她协助过Marcus 设计监狱的安保系统吗？是谁在走廊里设下了让人呕吐的咒语？太缺德了。”

“并没有那么糟。”Notation插话道，“他们给了警卫们防止呕吐的护身符，只要囚犯和警卫在一起或待在自己的监狱里，就不会有事。”

“我已经吐了两次了。”Socks 反驳说。

“你是擅自闯入！所以才……”Notation说道。

Frank打断道：“你的同伙在哪里，Socks？”

“他是单独行动的。”Notation在Socks作出回答前抢先说道。

“什么？”Frank看着她，“你怎么知道的？”

“还有另外一辆有六个棚的Array Cart 停在外面，”她回答，“我不知道他为什么会用同一辆车，但它就停在那里，里面没人。如果他有同伙一起行动的话，应该会有人守着它，或者等着逃走。”

Socks 耸了耸肩说道：“我们当中只有一个人可以用面具偷偷溜进监狱里面，而且一大群人在监狱外面的话会显得很可疑，所以我就主动请愿单独行动了。”

“哪里可以找到你的朋友们？”Frank问。

Socks 笑了：“你不必去找他们，Runtime先生。一旦他们得知我被抓的消息，他们就会找上门来的。今晚你可树了不少强敌。”

“哦，是吗？”Frank说，“我似乎很擅长树敌。也许你可以告诉我他们的名字，我可以让他们加入我的粉丝俱乐部。Gretchen 也在吗？”

Socks 笑了：“Gretchen？你居然还以为我是她的徒弟？在识破了我说的其他所有谎言后！”

“那么这幕后到底是谁在策划呢？”Notation问。

“Unnecessary Complexity联盟。”Frank回答说。然后在心里补充道：“显然不会有一个叫Mentally 的巫师。”

“我很佩服你，Runtime先生，”Socks 说，“没有多少人知道我们这个小组织。”

“Unnecessary Complexity联盟？”Notation问。

“他们和巫师Exponentious有关：他的追随者、帮凶，或者只是崇拜者。”Frank解释说。

“Exponentious！”Notation感叹道，“那个邪恶巫师？ 他不是因为意图破坏整个王国而被关在监狱里吗？”

“是的，就是他，真正的邪恶巫师。我没向你提过他就是Socks要救的人吗？”Frank问。

Notation回瞪他。

“你误会了，”Socks说，“王国不会成为废墟，它会被拯救。只要Exponentious上台，我们将见证一个新的黄金时代。他……”

“他疯了，”Frank打断了他的话，“他会毁了这个王国。”

一旁的Notation点头赞同：“这一点我同意。”

Socks 的眼睛里闪耀着愤怒的光芒。他跳起来，猛然扬起他的披风。他举起魔杖开始念诵长咒，并且用复杂的规则挥舞着魔杖。Socks 将魔杖指向Frank并完成了咒语。

Frank默默地看着，周围什么都没有发生，Notation翻了翻白眼。

“结束了吗？”Frank问，“你要知道魔法在这里是无效的。”

“是啊，我只是……”Socks 无力地说道，但话音未止，他突然向门口冲去。Notation还未来得及射箭，Socks 便用魔杖朝她的弩挥去。她踉跄了一下，失去了准心，又马上摆好姿势，准备射击，并对Socks 可悲的逃跑企图感到有些失望。同时，Frank从背后抓住了Socks 的长袍，把他拉停了。这个孩子的胳膊舞动着，拼命想要挣脱。

Frank咕哝了一声，抬起长袍，Socks 又被绊进了牢房，倒在床上。Frank弯下腰捡起掉在地上的魔杖。虽然它无法施展魔法，但还是可以当武器用的。然后他大步走了出去。他清理完毕后，Notation砰地关上了门。

结　　语

Frank从警长办公室出来的时候，Notation 正在大厅里等着。“怎么样？”门关上那一刻她立即问道。

“好得很，”Frank说，“他没冲我嚷嚷，还多给了我三个月的租金。”他提着一个小钱袋答道。

“就这些？”Notation 问道，声音听起来有点失望。

“那你还期待什么？”Frank反问，“一个表彰？他们不会授予私人侦探任何嘉奖的。但我听说你好像得过一次，还获得了晋升。干得漂亮，Notation 侦探。这是一个不小的进步。”

Notation 脸红了。“谢谢你，”她说，“但是你呢？我以为……也许……”

“你以为警长会让我回来？”Frank接着她的话说，“这是你提议的对不对？他告诉我了。”

Notation 的脸更红了，说道：“你是个老道的侦探。”

Frank笑了起来。“他不会聘请我的，”看到Notation 的表情，他紧接着说，“别介意，他从来就没打算让我回到警局工作。我和他的事说来话长，不是一个案子就能解决的。不管怎么说，私人侦探的工作更适合我。”

“那你就打算回去……”

“继续搜寻丢失的宠物龙？”

“对，”Notation 说，“就是它。”

“其实，我得到了一个新的机会。”Frank伸出手示意她先别太激动，补充道，“这次我要做独立的办案人。”

“什么意思？”Notation 问道。

“最近有一伙巫师在附近活动，他们正试图解救Exponentious，占领王国。”

Notation 笑了：“我知道。我最近刚帮忙逮捕了他们当中的一名活跃份子。”

“他们当中很活跃的一个，嗯，肯定很卖力，但说不定是他们中能力最差的一个。Ann公主担心Socks试图越狱会惊动他们中更资深更能干的成员。”Frank说。

“所以你就在调查这个 Unnecessary Complexity联盟？当然了，是以一个独立办案人的身份。”

Frank点点头：“这是一个棘手的搜查工作——找出这个邪恶的秘密组织中的所有成员。不过谁让我正好擅长搜索呢？”